GAOCHAN YOUZHI GUANGSHI DADOU PINZHONG QIHUANG 34

高产优质广适
大豆品种齐黄34

王玉斌 等 ◎ 著

中国农业科学技术出版社

图书在版编目（CIP）数据

高产优质广适大豆品种齐黄 34 / 王玉斌等著. -- 北京：中国农业科学技术出版社，2025. 4. -- ISBN 978-7-5116-7387-9

Ⅰ. S565.102.92

中国国家版本馆 CIP 数据核字第 2025VJ7161 号

责任编辑	周丽丽
责任校对	李向荣
责任印制	姜义伟　王思文

出 版 者	中国农业科学技术出版社
	北京市中关村南大街 12 号　　邮编：100081
电　　话	（010）82106638（编辑室）　（010）82106624（发行部）
	（010）82109709（读者服务部）
网　　址	https://castp.caas.cn
经 销 者	各地新华书店
印 刷 者	北京建宏印刷有限公司
开　　本	170 mm×240 mm　1/16
印　　张	12.25
字　　数	200 千字
版　　次	2025 年 4 月第 1 版　2025 年 4 月第 1 次印刷
定　　价	80.00 元

版权所有・侵权必究

《高产优质广适大豆品种齐黄 34》著者名单

主　　著： 王玉斌

副 主 著： 徐　冉　　张礼凤

参著人员： 刘　薇　　张彦威　　王彩洁　　李　伟
　　　　　　　王　潇　　张小燕　　戴海英　　杨武杰

前 言

大豆是我国重要的粮油饲兼用作物,在国民经济发展和保障国家粮食、油料、饲料和食品安全中具有重要的战略地位。长期以来,我国大豆生产存在产量低、品质差、种植效益低等突出问题,其核心是缺乏高产、优质、广适的突破性大豆品种。20世纪90年代,我国大豆品种亩产量只有150～200 kg。为了提高大豆产量,国家"八五"科技攻关计划将黄淮海夏大豆的科技攻关目标确定为亩产300 kg以上。山东省农业科学院作物研究所承担了这一任务。赵经荣先生是这一任务的负责人。

徐冉研究员是1992年11月从山东省水稻研究所调来山东省农业科学院作物研究所大豆研究室的,任务是跟着即将退休的大豆栽培专家王滔先生做大豆栽培研究。由于当时正处于科技体制改革的风口,让科研人员自己养活自己,栽培研究很难获得经费支持。在做一些栽培试验的同时,徐冉研究员便跟着赵经荣先生做起了大豆育种,目标就是亩产300 kg以上。每年秋收之前,到全省各地对高产地块进行测产或实打验收,其中既有株高120 cm以上的高大型品种,也有株高不足50 cm株型十分紧凑的矮小型品种;有的是群体过小,有的是生物量不足,有的是倒伏严重,亩产能达到250 kg的寥寥无几。综合分析,株型不优、抗性不强是限制我国大豆品种产量的关键因素。

针对大豆产业发展需求,本团队明确了亩产300 kg、百粒重25 g以上、蛋白脂肪双高的育种目标。针对限制大豆产量的关键因素,确立了"优化株型、提高单株生产力和籽粒品质、增强综合抗性和适应性"的育种思路,制定了"拓宽遗传基础、聚合优良基因、早代品质鉴定和多点多逆境鉴定筛选"的育种策略。1996年,在山东省农业科学院作物研究所试验基地,用中国科学院创制的株型较紧凑、茎秆较强、蛋白含量较高、广适种质诱处 4 号做母本和团队创制的株型开张、结荚多、荚粒数多、高油种质 86573-16 做父本，进行杂交，经过 8 年系谱法选育和 5 年在黄淮海、西北、西南、华南各地的实验室和田间综合鉴定、评价和测试，聚合了众多优良性状，育成齐黄 34，实现大豆品种产量、品质、抗性和适应性的突破。齐黄 34 已创造全国夏大豆、盐碱地大豆、大豆玉米间作等多项高产纪录，蛋白质和脂肪含量同时超过高蛋白和高油品种标准，抗 6 种主要病害，耐旱、耐涝、耐盐碱、耐阴，审定区域跨 20 个纬度，是我国审定区域最广的大豆品种，国家大豆单作、间作、套种、盐碱地种植的核心品种，多次入选农业农村部主导品种和《国家农作物优良品种推广目录》骨干型品种。

自审定以来，团队围绕齐黄 34 的产量生理、营养和加工品质、抗性、适应性、配套栽培技术等进行了系列研究，发现光合效率高、储存能力强是齐黄 34 高产的基础，蛋白脂肪双高是加工品质优良的基础，携带众多抗逆基因是抗性强和适宜推广范围广的主要原因。代谢旺盛可能是众多优良性状的基础，有待进一步研究。

为了加快齐黄 34 的推广应用，推动我国大豆产业发展，团队创新建立了以"大豆—三三高产栽培技术"为核心的齐黄 34 高产栽培技术体系，构建了"政府推动、企业主动、科企联动、示范带动、竞赛拉动、加工驱动、媒体互动"的齐黄 34 高效推广体系。齐黄 34 的推广种植区域覆盖黄淮海、西北、西南和华南的广大地区，年推广面积 400 多万亩，居全国第二位、黄淮海第一位。

为了让齐黄 34 在我国大豆科研和生产中发挥更大作用，团队全面总结齐黄 34 的选育、研究和推广过程，形成本书，以期为我国大豆高产、优质、多抗、广适育种和产业发展提供参考。

在齐黄 34 选育、鉴定、研究和推广过程中，农业主管部门领导、团队老一辈专家、有关院校和科研院所同仁、各级农技人员和农民朋友，尤其是国家大豆产业技术体系的岗站专家，给予了无私的关心、帮助、支持和指导。中国农业科学院常汝镇研究员时刻关心着齐黄 34 的研究和推广。齐黄 34 的成果转化和推广得到山东祥丰种业有限公司、山东圣丰种业科技有限公司和青岛清原种子科学有限公司的大力支持，在此一并表示感谢。

前 言

在研究过程中，先后得到国家现代农业产业技术体系（CARS-04-CES16）、国家重点研发计划项目（2023YFD2300100）、国家科技创新2030重大项目（2023ZD0403303）、山东省泰山产业领军人才项目（tscx202211138）、山东省农业良种工程（2023LZG008）、山东省大豆产业技术体系（SDAIT-28-04）和济南市"新高校20条"（202228094）等项目资助。

著 者

2025年1月

目 录

第一章　齐黄 34 的选育 // 001

　　第一节　齐黄 34 选育 …………………………… 002

　　第二节　齐黄 34 特征特性 ……………………… 006

　　第三节　选育体会………………………………… 010

第二章　齐黄 34 研究进展 // 013

　　第一节　齐黄 34 广适性研究进展 ……………… 013

　　第二节　齐黄 34 耐盐性研究进展 ……………… 027

　　第三节　齐黄 34 耐涝性研究进展 ……………… 054

　　第四节　齐黄 34 耐阴性研究进展 ……………… 069

　　第五节　齐黄 34 耐旱性研究进展 ……………… 078

　　第六节　齐黄 34 品质与加工研究进展 ………… 084

　　第七节　齐黄 34 抗病性和抗虫性研究进展 …… 091

　　第八节　齐黄 34 栽培机理研究进展 …………… 099

第三章　齐黄 34 高产栽培技术 // 101

　　第一节　大豆一三三高产栽培技术……………… 101

　　第二节　大豆单产提升"加增促助减"五步推进

　　　　　　技术 ……………………………………… 103

第三节　盐碱地大豆高产栽培技术……………… 107

第四章　齐黄 34 高产创建与推广 // 112

第一节　齐黄 34 高产创建 ……………………… 112
第二节　齐黄 34 的"七动"推广体系 …………… 124

附录 1　齐黄 34 国家和不同省份审定公告 // 130

附录 2　齐黄 34 衍生品种审定公告 // 137

参考文献 // 185

第一章
齐黄 34 的选育

　　大豆是我国重要的粮油饲兼用作物，在保障国家粮油、饲料与食品安全中具有重要的战略地位。长期以来，我国大豆生产存在产量低、品质差、种植效益低等突出问题，其核心在于缺乏高产、优质、广适的突破性大豆新品种。针对以上问题，山东省农业科学院作物研究所经过近 30 年的潜心研究，创新育种思路和育种策略，培育出高产优质广适大豆新品种齐黄 34（图 1-1、图 1-2、图 1-3），实现了大豆育种的重大突破，2015 年获得植物新品种权保护证书（附图 1）。齐黄 34 具有高产、稳产、高蛋白、高油、高豆腐和腐竹产出率、抗病、耐涝、耐旱、耐盐碱、耐阴、广适、适合机械化生产、适合间作和套种、适合盐碱地种植等多个优良特性。齐黄 34 曾获中国技术市场协会金桥奖（附图 2）、山东省科学技术进步奖一等奖（附图 3）和山东省农业科学院科技进步奖一等奖（附图 4）。

图 1-1　齐黄 34 籽粒

图 1-2　齐黄 34 鼓粒期

图 1-3　齐黄 34 成熟期

第一节　齐黄 34 选育

一、育种思路与目标

（一）确立了"优、提、增"的育种思路，明确了育种目标

20 世纪末，我国大豆育种面临三大突出问题：一是抗倒伏能力差，产量难以突破；二是产量、蛋白质、脂肪难以协同提高；三是品种的综合抗性差，适应范围窄，难以大面积推广。针对以上问题，研究确立了"优化株型、提高单株生产力和籽粒品质、增强综合抗性和适应性"的育种思路。根据育种思路、生产水平和市场需求，明确了如下育种目标：株高 60～80 cm、主茎 15～18 节、分枝和叶片呈塔形分布、不同密度下个体调节能力强、百粒重 25 g 以上、亩[①]产 300 kg 以上、蛋白脂肪双高、多抗广适。

植株过高则抗倒伏能力降低，适宜群体密度变小，难以高产。植株过低则生物产量不足，也难以高产。主茎节数尤其是主茎有效节数是影响大豆产量的关键因素。20 世纪，山东省主推大豆品种的主茎节数多为 13 节左右，有效节数更少，产量潜力不足。分枝和叶片呈塔形分布有利于通风透光，确保中下部叶片光合，可以适当增加群体密度，提高产量。百粒重是影响市场推广的重要因素，农民普遍认为大籽粒品种产量高、价格高、好销售。中小型加工企业则认为大籽粒

---

① 1 亩≈667 m²；1 hm²=15 亩。全书同。

品种的蛋白质含量高、豆腐产出率高。百粒重23 g是市场接受度的分界线。亩产300 kg是国家"八五"科技攻关夏大豆的产量目标，虽经多年努力，但未能实现。

（二）制定了"拓、聚、早、多"的育种策略

根据育种思路和目标，针对遗传基础狭窄、遗传机制复杂、易受环境影响等影响大豆育种的核心问题，制定了"拓宽遗传基础、聚合优良基因、早代品质鉴定和多点多逆境鉴定筛选"的育种策略。

1. 拓宽遗传基础，聚合优良基因，创新育种材料

针对大豆品种遗传基础狭窄的问题，广泛搜集国内外种质资源，进行精准鉴定，明确其遗传基础和优良特性。采取阶梯杂交聚合优异基因，创制了耐逆、高油、丰产的优异种质86573-16。其创制经历了3个阶段，一是聚合齐黄1号的抗病、广适、高油与文丰2号抗裂荚的优异基因育成齐黄21；二是聚合莒选23丰产稳产、抗旱、耐盐、耐瘠与跃进4号荚多荚密、丰产的优异基因育成鲁豆4号；三是聚合齐黄21高油、抗花叶病毒病，鲁豆4号荚多荚密、耐逆、广适等优良基因育成新种质86573-16（图1-4、图1-5）。

2. 首创杂交组合选配模型，创建高产大豆育种技术，聚合高产性状

研究表明，大豆株型和单株生产力性状的遗传以加性为主，遗传力较高（0.3～0.7），变异系数在10%～30%。根据这一遗传特点，首创大豆杂交组合产量优选模型：$Y=D\times[(PH+PL)\times p]\times[(SH+SL)\times s]\times[(WH+WL)\times w]\times 10^{-5}$，（$Y$为目标产量，$D$为密度，$PH$为高亲单株荚数，$PL$为低亲单株荚数，$p$为单株荚数表型值系数，$SH$为高亲荚粒数，$SL$为低亲荚粒数，$s$为荚粒数表型值系数，$WH$为高亲百粒重，$WL$为低亲百粒重，$w$为百粒重表型值系

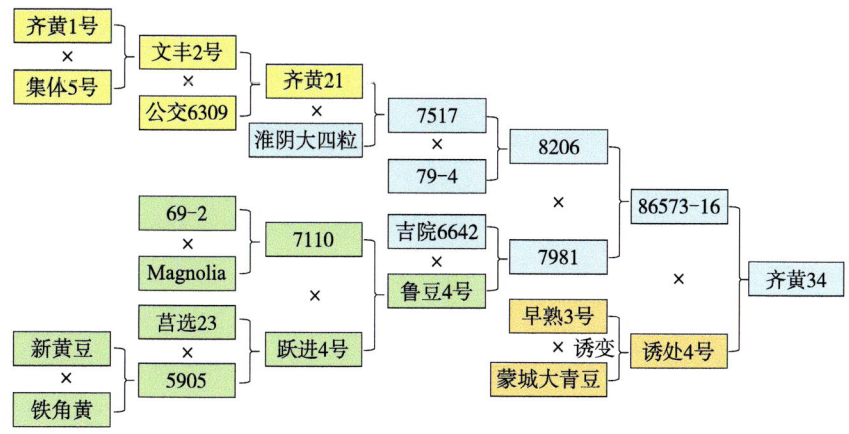

图1-4 齐黄34系谱图

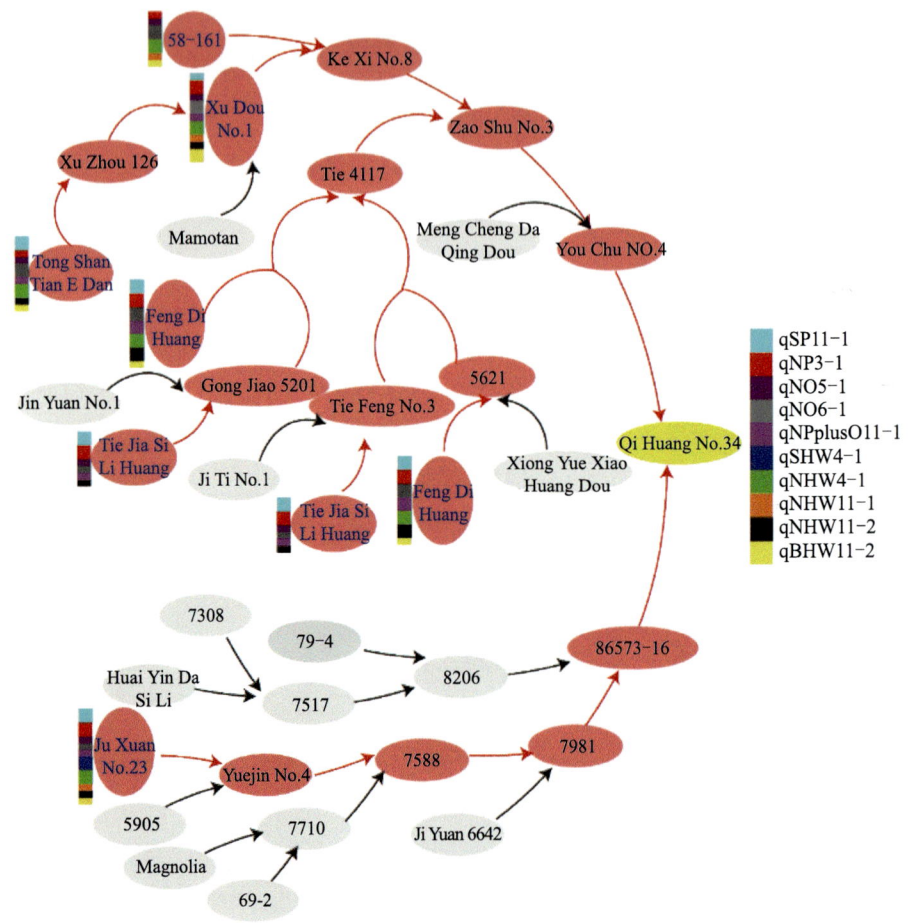

图1-5 齐黄34品质和粒重位点聚合（Huang et al., 2021）

数）。利用此模型，可以选配产量构成因素适宜的亲本，组配符合产量目标的杂交组合，预测杂交后代产量，指导杂交后代选择。

3. 聚焦双高组合，早代品质鉴定筛选，实现蛋白脂肪双高

南京农业大学盖钧镒院士等（1991）研究表明大豆蛋白质和脂肪含量的遗传以加性为主，可依据双亲表现或早代平均表现进行组合间选择。以此为指导，对110个杂交组合的亲本及其F1～F4代的品质分析发现，大豆蛋白质和脂肪含量的遗传力高（表1-1），可于早代进行蛋白质和脂肪含量选择。基于以上结论，建立了聚焦双高组合、早代品质鉴定筛选的优质大豆育种技术。利用该技术组配双高组合，在F2、F3世代进行品质鉴定筛选，实现蛋白与脂肪的协同提高。

表 1-1　大豆蛋白质和脂肪含量的遗传分析

性状	F1 超高亲比率（%）	F2~F3 代遗传力	F3~F4 遗传力
蛋白质含量	15.28	0.62	0.72
脂肪含量	26.75	0.56	0.73

4. 多种逆境筛选，多点联合鉴定，增强综合抗性和适应性

针对育成品种综合抗性弱和适应范围狭窄的问题，建立了异地多逆境鉴定筛选与多点联合鉴定相结合的广适大豆育种技术。在山东济南进行抗花叶病毒病、拟茎点种腐病鉴定筛选，山东嘉祥抗霜霉病、炭疽病、根腐病和耐涝性鉴定筛选，海南三亚抗白粉病鉴定筛选，新疆图木舒克和山东东营耐盐碱鉴定筛选，甘肃庆阳耐旱鉴定筛选。利用覆盖黄淮海、西北、长江流域、西南山区和华南的大豆产量和农艺性状多点联合鉴定网，进行杂交后代鉴定、筛选，聚合众多抗逆广适性状。

二、亲本选择

根据育种目标，利用大豆杂交组合产量优选模型，组配了诱处 4 号 /86573-16 高产杂交组合，聚合了诱处 4 号荚粒数多、籽粒大和 86573-16 单株荚数多、荚粒数多的高产性状（图 1-6）。利用聚焦双高组合、早代品质鉴定筛选的优质大豆育种技术，对组配的诱处 4 号 /86573-16 双高组合进行了评估。

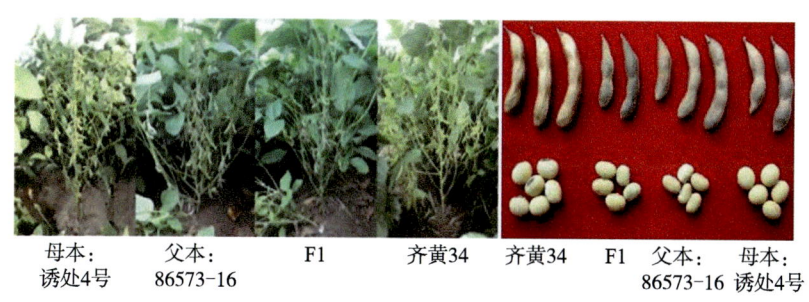

母本：　父本：　　　F1　　齐黄34　齐黄34　F1　父本：　　母本：
诱处4号　86573-16　　　　　　　　　　　　　　　　86573-16　诱处4号

图 1-6　齐黄 34 株型和单株生产力遗传改良

诱处 4 号是中国科学院遗传与发育生物学研究所选育的高产、优质、广适大豆种质，遗传背景丰富。其母本早熟 3 号适于黄淮海北片种植，而其父本安徽大直立豆是地方品种，粒大美观、高蛋白、耐涝，适于黄淮海南片种植，亲本之间较远的遗传距离为诱处 4 号良好的适应性奠定了遗传基础。另外，丰富的选育方法也为诱处 4 号获得丰富的遗传变异创造了条件。其选育方法是先以早熟 3 号做

母本、安徽大直立豆做父本，有性杂交，后对杂种后代进行物理诱变，再用改良的系谱混合选择法对后代进行选拔。这一系列方法均为诱处4号获得丰富的遗传与变异创造了条件。诱处4号为亚有限结荚习性。夏播生育期105 d。株高90 cm。主茎节数19节，分枝多。单株有效荚数多，3～4粒荚多。籽粒圆形，黄色，淡褐色脐，外观美观，百粒重26 g。籽粒蛋白质含量45.8%，脂肪含量18.4%。

父本86573-16是山东省农业科学院作物研究所培育的高产、高油、荚密型大豆种质，适于黄淮海中片种植，用其可进一步改良杂种后代的产量、品质、抗性和适应性。

三、杂交后代选育

1996年以诱处4号做母本、86573-16做父本有性杂交，其后根据育种目标采用系谱法进行选育。F1代选择真杂交株，F2～F5逐代进行生育期、抗病性、抗倒性、产量等性状的筛选，F6代选优良株行测产或选拔优良单株，F7代选优良株行升入品系鉴定试验，再从品系鉴定试验中筛选优良品系升入品系比较试验，进行产量、品质、农艺性状、抗性等综合鉴定，最后将高产、优质、抗病、广适等优良性状聚合到一起，育成大豆品种齐黄34。

第二节
齐黄34特征特性

一、生物学特性

黄淮海地区夏播生育期为103～108 d。有限结荚习性，株型半收敛。株高87.6 cm，主茎17.1节，有效分枝数为1.35个，底荚高度17～23 cm，单株有效荚数38.05个，单株粒数89.32粒，单株粒重23.12 g，百粒重28.57 g。叶片呈卵圆形，白色花，棕色茸毛。籽粒呈椭圆形，种皮为黄色、微光泽，种脐为黑色。

二、产量表现与高产典型

（一）试验产量

齐黄34共参加国家3个生态区和5个省级区域试验和生产试验，各试验平均亩产149.0～225.97 kg，平均增产3.20%～14.57%。

2009—2010 年山东省夏大豆区域试验平均亩产 193.1 kg，比对照品种增产 4.3%；2011 年生产试验平均亩产 177.7 kg，比对照品种增产 5.3%。2010—2011 年国家黄淮海夏大豆中组区域试验平均亩产 198.6 kg，比对照品种增产 5.4%；2012 年生产试验平均亩产 217.6 kg，比对照品种增产 12.0%。2012—2013 年江苏省淮北夏大豆区域试验平均亩产 205.21 kg，比对照品种增产 5.14%；2014 年生产试验平均亩产 204.3 kg，比对照品种增产 8.52%；2015—2016 年国家黄淮海北组夏大豆区域试验平均亩产 225.97 kg，比对照品种增产 6.13%；2017 年生产试验平均亩产 210.14 kg，比对照品种增产 3.01%；2015—2016 年江苏省淮南夏大豆区域试验平均亩产 178.20 kg，比对照品种增产 3.34%；2017 年生产试验平均亩产 168.55 kg，比对照品种增产 2.61%；2018 年贵州省区域试验平均亩产 190.9 kg，比对照品种增产 12.0%；2019 年平均亩产 167.3 kg，比对照品种增产 2.5%；两年平均亩产 179.1 kg，比对照品种增产 7.4%；2019 年生产试验平均亩产 154.0 kg，比对照品种增产 1.5%；2019—2021 年国家热带亚热带地区春大豆区域试验，两年平均亩产 149.5 kg，比对照品种增产 3.3%；2021 年生产试验平均亩产 149.0 kg，比对照品种增产 3.2%；2019 年四川省春大豆早熟组区域试验，平均亩产 172.92 kg，比对照品种增产 10.1%；2020 年平均亩产 203.81 kg，比对照品种增产 4.0%；两年区试试验平均亩产 188.37 kg，比对照品种增产 6.7%，平均增产点率 77%；2021 年生产试验，平均亩产 202.18 kg，比对照品种增产 14.57%。

（二）高产典型

齐黄 34 在 7 年 11 点次实收亩产 300 kg 以上，夏播最高亩产 353.45 kg，春播最高亩产 367.4 kg，创造全国夏大豆、大豆玉米间作、盐碱地大豆和山东省、甘肃省、山西省大豆高产纪录。

2013 年甘肃省靖远县实打验收亩产 335.31 kg，创甘肃省大豆高产纪录。2014 年山东省嘉祥县实打验收分别亩产 313.75 kg、309.81 kg 和 308.10 kg，创山东省大豆高产纪录。2018 年山东省禹城市实打验收亩产 308.27 kg。2019 年山东省德州市陵城区实打验收亩产 341.6 kg，创山东省大豆高产纪录。2020 年山东省东明县实打验收亩产 353.45 kg，创全国夏大豆高产纪录；甘肃省靖远县实打验收亩产 367.4 kg，创甘肃省大豆高产纪录。2021 年山西省永济市实打验收亩产 313.3 kg，创山西省大豆高产纪录；山东省东营市垦利区盐碱地实打验收亩产 302.6 kg，实现盐碱地大豆产量新突破。2022 年在东营市河口区盐碱地实打验收亩产 329.4 kg，刷新盐碱地大豆高产，山东省禹城市大豆玉米带状复合种植实打验收亩产 165.1 kg，创我国大豆玉米间作高产纪录。

三、营养与加工品质

齐黄 34 籽粒蛋白质含量 45.13%，脂肪含量 22.48%，超过高蛋白和高油大豆品种标准。水溶性蛋白含量 33.48%，比一般品种高 3 个百分点。加工豆腐质量得率 265.40%，比优质对照品种高 29 个百分点。保水性 74.26%，含水量 79.24%，硬度 392.00 g，黏性 0.21 mJ，内聚性 0.70，弹性 5.34 mm，咀嚼性 14.45 mJ，口感细腻爽滑。总腐竹得率 54.2%，优质腐竹得率 38.0%，分别比一般品种高 6 和 8 个百分点。加工豆浆口感爽、滑、甜、香。齐黄 34 是优质的豆制品加工原料。

四、抗逆性

经过多年研究发现，齐黄 34 综合抗性强，突破了大豆育种多抗的瓶颈。

全生育期耐盐，是国家和山东省、河北省耐盐碱大豆区域试验的对照品种和盐碱地种植的主要品种。2018 年在新疆图木舒克市，土壤盐含量为 0.4%，pH 值为 8.5 的条件下，采用膜下滴灌的亩产达 322.7 kg。2021 年在山东东营市垦利区，土壤盐含量为 0.3%，实收亩产 302.6 kg，创盐碱地高产记录。

全生育期耐涝。苗期没顶淹水 13 天存活率高达 73.08%。2010 年在嘉祥县梁宝寺镇鼓粒期淹水 25 天，亩产 242 kg；2017 年在东平县州城街道花荚期淹水 21 天，亩产 21 kg。

耐阴性强，适合带状复合种植，是我国间作、套种的核心品种。经国家大豆改良中心鉴定，齐黄 34 为 300 个大豆品种中耐阴性最强的品种。2022 年在山东省禹城市大豆玉米带状复合种植时，实收亩产 165.1 kg，创下间作高产纪录。

全生育期耐旱。经山西省农业科学院经济作物研究所鉴定，齐黄 34 中度耐旱，抗旱系数为 0.639 5。在甘肃省陇东旱源区已连续 8 年亩产超过 250 kg，并被当地确定为主导品种。

抗病性好。经国家大豆改良中心等机构鉴定，齐黄 34 高抗我国大豆花叶病毒流行及强致病株系、拟茎点种腐病和白粉病，中抗炭疽病和疫霉根腐病。此外，多年田间种植表现为高抗霜霉病。

五、广适性与审定情况

齐黄 34 已通过国家 3 个生态区和 5 个省级审定，6 个省市引种认定，审定区域跨越北纬 20°～40°，是我国审定区域最广的大豆品种，适宜黄淮海地区夏播和西北、西南、华南地区春播，在 20 个省市区大面积推广，年推广面积 400 万亩左右，连续多年为黄淮海地区第一大品种。

2012年通过山东省审定，审定编号：鲁农审2012026号。2013年通过国家黄淮海中片审定，审定编号：国审豆2013009。2015年通过江苏省淮北区夏大豆审定，审定编号：苏审豆201505。2016年通过安徽省引种审批。2018年通过国家黄淮海北片审定，审定编号：国审豆20180020。通过江苏省淮南区夏大豆审定，审定编号：苏审豆20180004；通过河南省引种审批。2020年通过贵州省审定，审定编号：黔审豆20200003。2021年通过山西省引种审批。2022年通过国家热带亚热带区审定，审定编号：国审豆20220054；四川省审定，审定编号：川审豆20220002；甘肃省引种认定，引种备案公告号：（甘）引种〔2022〕001号。2023年通过云南省引种认定，（滇）引种〔2022〕第086号。2024年通过重庆市引种认定，引种编号：渝引种2024第056号。2015年获得植物新品种权，品种权号：CNA20090957.0。

六、栽培技术要点

黄淮海地区在6月中旬足墒播种，行距40～50 cm。根据地块肥力情况，亩种植密度分为三类：高肥力地块为11 000株，中等肥力地块为13 000株，低肥力地块为15 000株。西北地区4月播种，西南山区3—4月播种。华南热带亚热带地区的播种时间为2月至3月初，种植密度为20 000株/亩。播种时，每亩施氮磷钾复合肥10 kg，在鼓粒期，每亩追施氮磷钾复合肥5 kg，同时进行3次叶面喷施磷酸二氢钾。开花期、结荚期和鼓粒期，如遇干旱及时浇水，并注意防治害虫。

七、入选主导品种

2016年、2022年、2023年和2024年齐黄34被农业农村部列为主导品种。2016年、2023年、2024年和2025年被山东省农业农村厅列为主导品种。2023年、2024年被甘肃省农业农村厅列为主导品种。2024年和2025年入选《国家农作物优良品种推广目录》骨干品种，同时被云南省农业农村厅列为主导品种。

八、配套技术与标准

为了配合大面积推广，开展了齐黄34高产创建和播种、水肥、植保、收获等系列试验研究，集成了"大豆一三三高产栽培技术"。2022年该技术被农业农村部列为主推技术，2018年、2021年、2023年和2025年被山东省农业农村厅列为主推技术。

在高产创建和试验研究的基础上，编制了山东省地方标准《大豆高产栽培技术规程》（DB37/T 3495—2019）、《大豆胞囊线虫病防治技术规程》（DB37/T 3494—2019）、《夏播大豆蚜虫综合防治技术规程》（DB37/T 3503—2019）、《夏播大豆烟粉虱综合防治技术规程》（DB37/T 3504—2019），为齐黄34大面积推广应用提供了技术支撑。

九、获奖情况

高产优质广适大豆新品种齐黄34，山东省科学技术进步奖一等奖，2021，山东省人民政府。

高产优质广适大豆新品种齐黄34的推广应用，中国技术市场协会金桥奖项目一等奖，2020，中国技术市场协会。

高产优质广适大豆品种齐黄34的选育与应用，山东省农业科学院科技进步奖一等奖，2020，山东省农业科学院。

第三节 选育体会

一、了解产业需求，明确育种目标

了解大豆产业发展需求，满足生产需要，是大豆育种研究的首要任务。目前我国大豆产业面临着巨大困难，因此，提高产量、改善品质、降低生产成本，是我国大豆产业走出困境的关键。针对这一需要，本研究确定了高产、优质、多抗、耐逆的大豆育种目标。

二、明确关键限制因素，找准突破点

20世纪末，我国大豆品种亩产量多为150～200 kg，产量难以突破。在充分调查、研究、测产的基础上，明确了限制我国大豆品种产量的关键因素是株型不优、抗逆性不强。株型不优则难以构建高产群体。抗逆性不强则很难抵御频繁发生的病、虫、干旱、高温、渍涝、风暴等灾害，造成产量低而不稳。改良株型和增强综合抗性是我国大豆品种进一步提高产量的关键。改良株型的突破点在于提高茎秆和分枝的强度与弹性，增强抗倒伏能力，增加有效节数，构

建通风透光的群体。提高综合抗性的突破点在于亲本的抗性和对杂交后代的选择压。

三、采取适宜的选育方法，提高育种效率和准确性

根据不同性状的遗传特点确定适宜的选育方法，可有效提高大豆的育种效率。大豆产量的形成由光合、呼吸、吸收、运输、积累等一系列复杂的生理生化代谢过程共同完成，由多个产量构成因素的遗传基因共同决定，遗传机制十分复杂。根据大豆产量构成因素的遗传规律和增产效应，研究建立了大豆杂交组合产量优选模型，提高了高产杂交组合选配的准确性和效率，并指导杂交后代产量性状的选择，提高了高产品种选择的效率和准确性。根据大豆蛋白质和脂肪含量的遗传以加性效应为主，可依据双亲或早代表现进行选择的特点，建立了聚焦双高组合、早代品质鉴定筛选的优质大豆育种技术，进行杂交组合组配和杂交后代选择，实现了齐黄34蛋白脂肪双高的目标。根据大豆抗病性遗传机制相对简单但易受环境影响和非生物逆境危害发生区域性强的特点，建立了实验室与田间相结合，多种逆境筛选、多点联合鉴定的抗逆广适大豆育种技术，实现了齐黄34的多抗与广适。

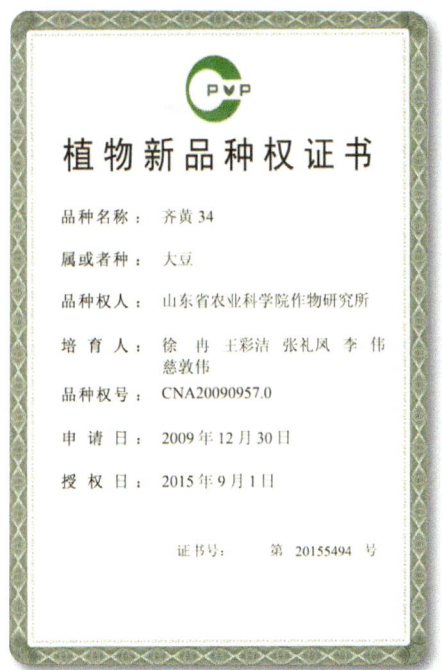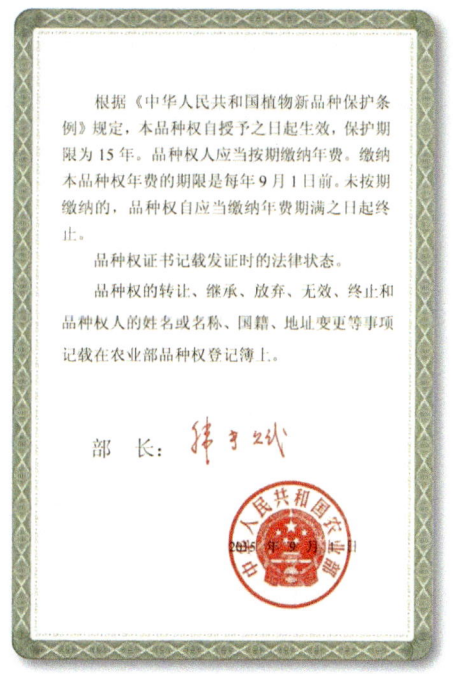

附图1　齐黄34植物新品种权证书

附图2　齐黄34金桥奖证书

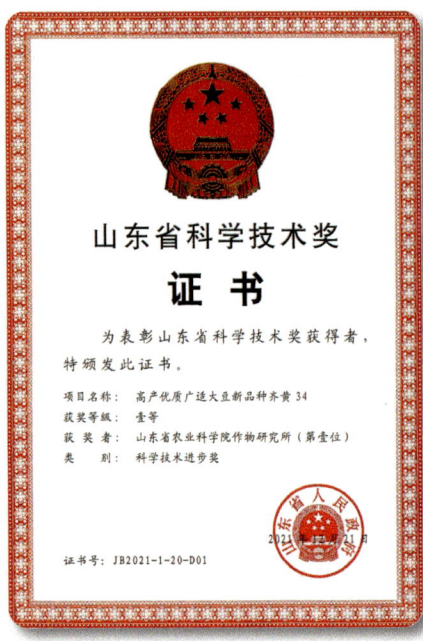

附图3　齐黄34山东省科学技术
进步奖证书

附图4　齐黄34山东省农业科学院
科学技术进步奖证书

第二章
齐黄34研究进展

自2007年育成以来,在黄淮海、西北、西南、华南等地区对齐黄34进行了系统的研究。研究采用实验室与田间相结合、表型与分子相结合的方法,对齐黄34的适应性、抗逆性、抗病性、抗虫性、营养与加工品质、栽培生理等进行了系统研究。全基因组测序结果发现,齐黄34为E1基因型,这一基因型为其广适性奠定遗传基础。此外,齐黄34携带有大量耐盐、耐涝、耐旱、抗病基因,为其抗逆性提供了遗传基础。其高光效的叶片结构和光合生理机制为其奠定了高产的结构和生理基础。同时,齐黄34的高蛋白和脂肪含量,以及高水溶性蛋白含量,为其优良的营养和加工品质奠定了物质基础。

本章系统总结了齐黄34的广适性、抗逆性、抗病性、抗虫性的遗传机制,高产生理机制,以及营养与加工品质特性,以期为我国大豆遗传育种和生产提供参考。

第一节
齐黄34广适性研究进展

大豆是典型的短日照作物,对光周期反应敏感,这一特性直接反映在开花期、成熟期等生态适应性相关性状上。具体表现为大豆品种在不同地区间引种会导致开花期和生育期改变,进而影响产量,严重时导致无法正常开花结实。因此,大豆品种的适应范围非常狭窄(一般在1~1.5个纬度),极大限制了品种的推广应用。

齐黄34突破了大豆品种适应范围狭窄的瓶颈,在北至北京、南至海南的多地区域试验中表现突出，能适应 20 个纬度，是我国推广区域最广的大豆品种。因此，围绕齐黄 34 的广适性进行研究，对理解大品种的广适分子机制有一定的意义，对大豆广适高产育种具有重要的推动作用。

一、齐黄 34 的全基因组测序与广适基因挖掘

将齐黄 34 种于温室，待第一片三出复叶完全展开时，采集三出复叶的中间叶片，利用改良的 CTAB 法进行 DNA 提取，3 株混样送交北京百迈克生物科技有限公司进行全基因组重测序。质检合格的 DNA 利用超声波将其片段化，然后对片段化的 DNA 进行片段纯化、末端修复、3′ 端加 A、连接测序接头，再用琼脂糖凝胶电泳进行片段大小选择，进行 PCR 扩增形成测序文库，质检合格的文库用 Illumina HiSeqTM 2500 测序。对测序得到的原始 reads 进行质量评估并过滤得到 Clean reads，用于后续的生物信息学分析。去除带接头的或低质量的 reads 后，共获得 113 708 054 个 Clean reads（表 2-1）。定位到参考基因组的 Clean reads 数占比 99.24%，正确识别率大于 Q30（99.9%）的碱基占比 85.0%，基因组 GC 含量为 34.00%，样品平均覆盖深度 13×，覆盖深度大于 1× 的碱基占比 97.82%。根据染色体各位点的覆盖深度情况进行作图（图 2-1A），覆盖深度在染色体上的分布比较均匀，说明测序随机性较好，图中深度不均一的地方可能是由于重复序列和 PCR 偏好性引起的。根据 Clean reads 在参考基因组的定位结果进行变异检测，检测得到的各类型变异结果分布如图 2-1B 所示，共得到 1 519 494 个 SNP，357 549 个 Small Indels，4 506 个 SV。

表 2-1　齐黄 34 测序数据统计

品种	过滤后的 reads	Q30（%）	GC 含量（%）	定位比（%）	测序深度	覆盖度 1X（%）
齐黄 34	113 708 054	85.0	34.00	99.24	13×	97.82

第二章 齐黄34研究进展

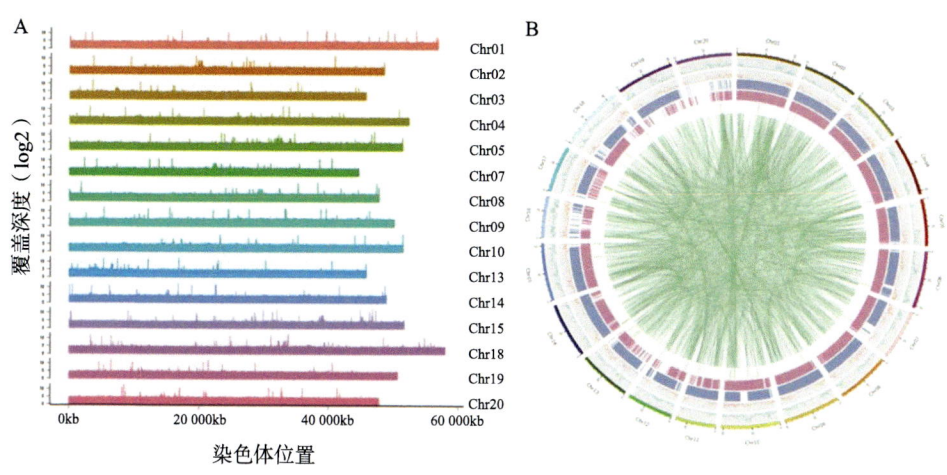

图2-1 齐黄34测序数据分析

注：A为齐黄34染色体覆盖深度分布；B为齐黄34各类型变异在染色体的分布。

使用GATK软件工具包对齐黄34基因组DNA进行SNP检测（表2-2），共获得1 519 494个SNP。其中转换类型（transition，Ti）的SNP有991 159个；颠换类型（transversion，Tv）的SNP有528 335个；杂合SNP为206 065个，纯合SNP为1 313 429个，杂合率为13.56%。利用SnpEff软件对齐黄34全基因组SNP进行注释（表2-3），发生在CDS区域内的SNP共计58 410个，其中同义突变25 243个，非同义突变32 220个。这些SNP共导致了14 465个基因的突变（表2-4）。

表2-2 SNPs统计

品种	SNP数目	转换	颠换	转换/颠换	杂合型	纯合型	杂合率（%）
齐黄34	1 519 494	991 159	528 335	1.87	206 065	1 313 429	13.56

表2-3 SNP注释结果

类型	SNP数目	区域
基因内（无转录本信息）INTERGENIC	707 606	
内含子 INTRON	152 882	
基因上游区域（5K以内）UPSTREAM	316 059	
基因下游区域（5K以内）DOWNSTREAM	250 612	

续表

类型	SNP 数目	区域
基因的 5′ UTR 内 UTR_5_PRIME	9 442	
基因的 3′ UTR 内 UTR_3_PRIME	18 062	
剪切供体突变（外显子前 2bp 内）SPLICE_SITE_ACCEPTOR	234	
剪切受体突变（外显子后 2bp 内）SPLICE_SITE_DONOR	186	
剪切位点区域 SPLICE_SITE_REGION	2 633	
起始密码子获得（非编码区）START_GAINED	2 002	
起始密码子丢失 START_LOST	86	CDS
非同义的起始密码子突变 NON_SYNONYMOUS_START	17	CDS
同义突变 SYNONYMOUS_CODING	25 243	CDS
非同义突变 NON_SYNONYMOUS_CODING	32 220	CDS
同义终止密码子突变 SYNONYMOUS_STOP	45	CDS
终止密码子获得 STOP_GAINED	647	CDS
终止密码子丢失 STOP_LOST	152	CDS
其他无法得到准确判断的突变	1 366	

表 2-4　变异基因统计

品种	发生非同义 SNP 基因	发生 Small InDel 的基因	发生 SV 变异基因	变异基因总数
齐黄 34	14 465	4 086	3 730	17 748

使用 GATK 软件工具包对齐黄 34 基因组 DNA 进行 Small Indel 检测（表 2-5），共发现 357 549 个 Small Indel。CDS 区存在 2 333 个插入突变和 2 351 个缺失突变，共计 4 684 个突变，其中 1 171 个为纯合突变。根据样品在 CDS 区和全基因组范围的 Indel 长度进行统计（图 2-2），在 CDS 区域存在较多的 +1、-1、+3、-3 类型突变，基因组范围 +3、-3 类型突变相对占比较少。利用 SnpEff 软件对齐黄 34 全基因组 Small Indel 进行注释（表 2-6），发生在 CDS 区域的 Small Indel 中移码突变占比较大，共计 2 667 个；其次为密码子的删除和插入，共计 1 304 个；起始密码子和终止密码子的突变较少，共计 150 个。这些 Small Indel 共导致了 4 086 个基因的突变。

表 2-5 Small Indels 统计

品种	CDS 插入	CDS 缺失	CDS 杂合 Indel	CDS 纯合 Indel	CDS Indel 总数	基因组 Indel 总数
齐黄 34	2 333	2 351	3 513	1 171	4 684	357 549

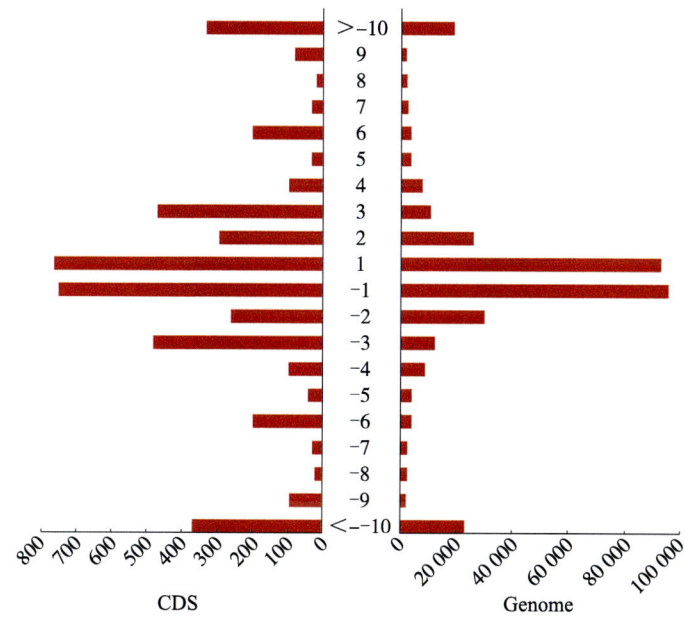

图 2-2 全基因组和编码区 InDel 长度分布

表 2-6 Small Indels 注释结果

类型	Indel 数目	区域
基因内（无转录本信息）INTERGENIC	110 514	
基因内 INTRAGENIC	97	
内含子 INTRON	48 291	
基因上游区域（5K 以内）UPSTREAM	104 833	
基因下游区域（5K 以内）DOWNSTREAM	76 823	
基因的 5'UTR 内 UTR_5_PRIME	4 799	
基因的 3'UTR 内 UTR_3_PRIME	6 354	
剪切供体突变（外显子前 2bp 内）SPLICE_SITE_ACCEPTOR	95	
剪切受体突变（外显子后 2bp 内）SPLICE_SITE_DONOR	128	

续表

类型	Indel 数目	区域
剪切位点区域 SPLICE_SITE_REGION	696	
起始密码子丢失 START_LOST	38	CDS
移码突变（非 3 的整数倍插入或删除）FRAME_LOST	2 667	CDS
密码子删除（3 的整数倍）CODON_DELETION	587	CDS
密码子插入（3 的整数倍）CODON_INSERTION	717	CDS
非密码子边界上的 3 的整数倍删除 CODON_CHANGE_PLUS_CODON_INSERTION	202	CDS
密码子边界上的 3 的整数倍删除 CODON_CHANGE_PLUS_CODON_DELETION	361	CDS
终止密码子获得 STOP_GAINED	82	CDS
终止密码子丢失 STOP_LOST	30	CDS
其他无法得到准确判断的突变	235	

使用 BreakDancer 进行 SV（大于 20×）的检测（表 2-7），共检测到 4 506 个 SV，其中插入 742 个，占总变异 16.5%；缺失 2 028 个，占总变异 45%；染色体间易位 1 497 个，占总变异 33.2%；反转 37 个，染色体内部易位 158 个，其它复杂的结构变异 44 个。对插入、缺失、反转进一步的分析表明（表 2-8），外显子区域存在 373 个缺失、272 个插入、10 个反转；内含子区域存在 235 个缺失、86 个插入、1 个反转；基因内存在 1 420 个缺失、384 个插入、26 个反转。这些突变共同导致了 3 730 个基因的变异。

表 2-7　SV 统计

品种	插入 INS	缺失 DEL	反转 INV	染色体内易位 ITX	染色体间易位 CTX	其他	SV 总数
齐黄 34	742	2 028	37	158	1 497	44	4 506

表 2-8　部分 SV 类型分析

类型	外显子	内含子	基因内
插入	272	86	384
缺失	373	235	1 420
反转	10	1	26

通过寻找参考基因组与齐黄 34 基因组间发生非同义突变 SNP、CDS 区发生的 Indel 与 SV 的基因，发现与 Williams 82 相比，齐黄 34 基因组共存在 17 748 个基因变异，其中发生非同义 SNP 突变的基因 14 465 个，发生 Indel 的基因 4 086 个，发生 SV 突变的基因 3 730 个，多个基因同时存在多种类型突变。COG 分析结果表明（图 2-3），转录，复制、重组、修复，信号传导机制等 3 个功能类存在较多的变异基因，其中转录类变异基因 1 204 个，复制、重组、修复类变异基因 1 204 个，信号传导类变异基因 1 064 个。KEGG 分析结果表明（图 2-4），植物激素信号传导存在 155 个变异基因。

针对齐黄 34 广适的特性，进行候选基因挖掘发现（表 2-9，表 2-10），植物光周期代谢通路中 CRYPTOCHROME 2（CRY2）、GIGANTE（GI）、Timing of CAB expression 1（TOC1）、E1、PHYTOCHROME A（PHYA）、Flowering Locus T（FT）、CONSTANS（CO）、Terminal Flower like（TFL）等关键基因发生变异，这可能降低了齐黄 34 的光敏感性，扩大了齐黄 34 的适应范围。值得注意的是，大豆生育期基因 E1 对大豆的开花期及成熟期的影响最大，对 E1 基因进一步分析发现，齐黄 34 品种为 E1 基因型，E1 基因 DNA 序列 44 核苷酸处出现单碱基突变（图 2-5a），引发了所编码的氨基酸从苏氨酸到精氨酸的转变（图 2-5B），该位点恰好位于核定位信号区域，致使 E1 蛋白在核及细胞的其他器官的分布呈现差异，这可能改变了齐黄 34 的光周期敏感性，是其广适性的重要原因。

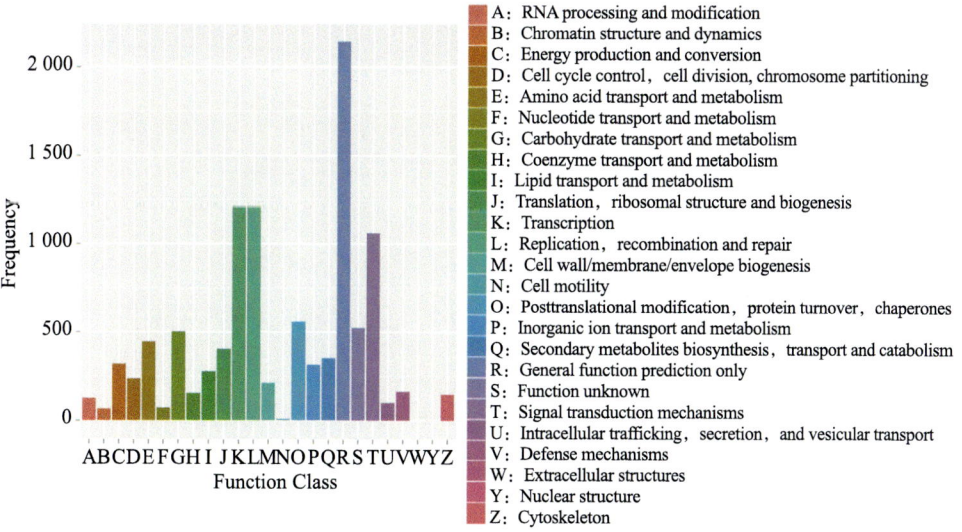

图 2-3　变异基因 COG 注释分类

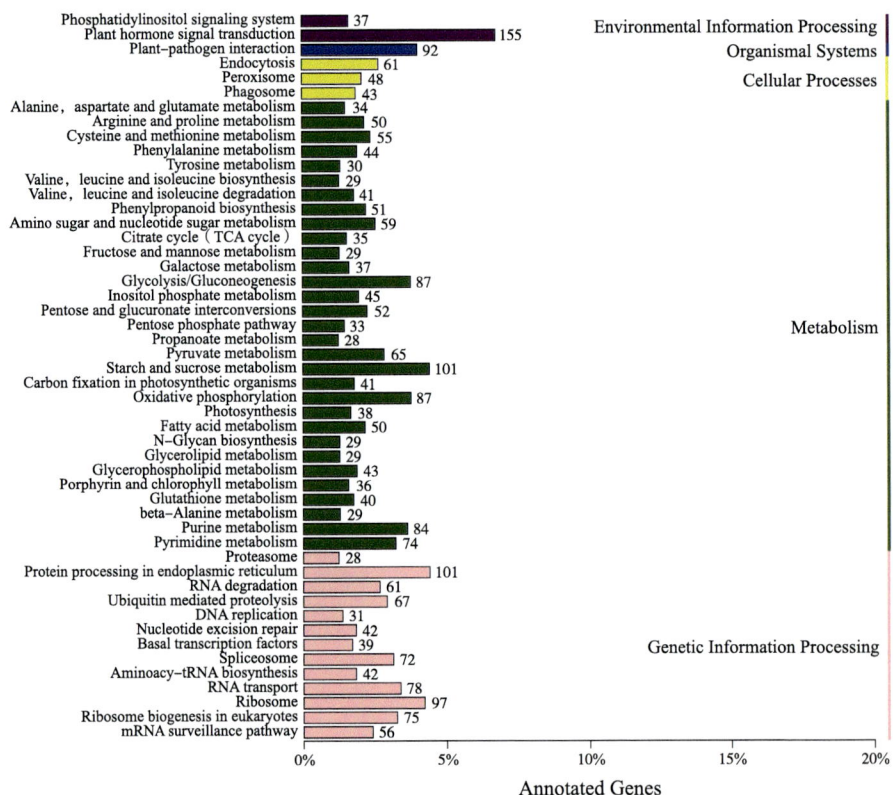

图 2-4 变异基因 KEGG 注释分类

表 2-9 植物光周期相关变异基因

基因名称	注释	基因名称	注释
Glyma.02G005700.1	CRY2，光敏色素蓝光受体	*Glyma.06G255300.1*	*CONSTANS-LIKE 9*
Glyma.15G223700.1	CRY2，光敏色素蓝光受体	*Glyma.07G091400.2*	*CONSTANS-LIKE 16*
Glyma.20G209900.1	CRY2，光敏色素蓝光受体	*Glyma.08G168900.1*	*CONSTANS-LIKE 4*
Glyma.06G196200.1	TOC1，控制植物开花应答，受节律钟调控	*Glyma.13G050300.1*	*CONSTANS-LIKE 2*
Glyma.17G102200.3	TOC1，控制植物开花应答，受节律钟调控	*Glyma.13G306400.2*	*CONSTANS-LIKE 11*
Glyma.20G170000.1	GI，参与调控开花	*Glyma.14G190400.1*	*CONSTANS-LIKE 10*
Glyma.06G207800.1	E1，参与调控开花	*Glyma.15G219800.1*	*CONSTANS-LIKE 3*
Glyma.03G227300.1	PHYA，光敏色素 A	*Glyma.16G067000.1*	*CONSTANS-LIKE 7*

续表

基因名称	注释	基因名称	注释
Glyma.19G108100.1	FT2，参与调控开花	*Glyma.18G278100.2*	*CONSTANS-LIKE 2b*
Glyma.19G108200.1	FT，参与调控开花	*Glyma.19G194300.1*	*Terminal Flower like*
Glyma.01G221100.1	*CONSTANS-LIKE 1*		

表 2-10　植物光周期相关基因的变异汇总

基因名称	变异类型	变异信息
Glyma.02G005700.1	非同义突变	Chr02, 626869 bp, A/T；Chr02, 628221 bp, G/C；Chr02, 628613, G/A
	移码突变	Chr02, 628663 bp, AC/A
Glyma.15G223700.1	非同义突变	Chr15, 40768432 bp, G/A
Glyma.20G209900.1	非同义突变	Chr20, 44608162 bp, T/G
Glyma.06G196200.1	非同义突变	Chr06, 17610272 bp, T/C
Glyma.17G102200.3	非同义突变	Chr17, 8022010 bp, T/C
Glyma.20G170000.1	非同义突变	Chr20, 40757489 bp, G/A；Chr20, 40771585 bp, A/C
Glyma.06G207800.1	非同义突变	Chr06, 20207322 bp, C/G
Glyma.03G227300.1	非同义突变	24 个
	移码突变	Chr03, 42920304 bp, C/CTT；Chr03, 42920917 bp, CGT/C；Chr03, 42923371 bp, AG/A
	密码子删除	Chr03, 42920063 bp, CCTA/C；Chr03, 42920939 bp, TTGA/T
	密码子插入	Chr03, 42923331 bp, G/GAAAGCTGTT
Glyma.19G108100.1	剪切位点区域	Chr19, 36031141 bp, G/GTA
Glyma.19G108200.1	非同义突变	Chr19, 36049214 bp, A/G
Glyma.01G221100.1	非同义突变	Chr01, 55019524 bp, A/C
Glyma.06G255300.1	密码子删除	Chr06, 43510573 bp, CTGT/C
Glyma.07G091400.2	剪切位点区域	Chr07, 8545076 bp, A/G
Glyma.08G168900.1	非同义突变	Chr08, 13434297 bp, G/A
Glyma.13G050300.1	非同义突变	Chr13, 14630892 bp, A/G
Glyma.13G306400.2	非同义突变	Chr13, 40260608 bp, G/C
Glyma.14G190400.1	非同义突变	Chr14, 45542232 bp, A/G
Glyma.15G219800.1	非同义突变	Chr15, 38464964 bp, T/C
	密码子删除	Chr15, 38464747 bp, ATCACCTCTTCCC/A

续表

基因名称	变异类型	变异信息
Glyma.16G067000.1	非同义突变	Chr16, 6645431 bp, T/C; Chr16, 6645653 bp, G/A
	密码子删除	Chr16, 6645783 bp, GGAAGAA/G, GGAA
Glyma.18G278100.2	非同义突变	Chr18, 55966491 bp, C/G
Glyma.19G194300.1	非同义突变	Chr19, 45184804 bp, C/A

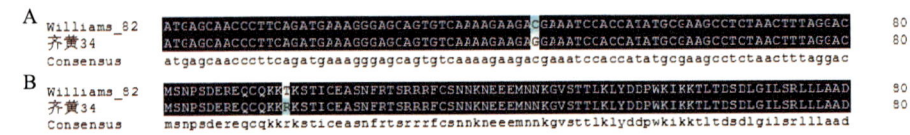

图 2-5 *E1* 基因序列比对

注：A 为 *E1* 基因 DNA 序列比对；B 为 *E1* 蛋白序列比对。

二、利用齐黄 34 和冀豆 17 杂交衍生的重组自交系群体进行开花期性状的 QTL 定位

将齐黄 34 与冀豆 17 杂交，构建了重组自交系群体。该群体亲本均为黄淮海地区的高产广适品种，但二者的适宜范围有所不同，与冀豆 17 相比，齐黄 34 开花成熟较晚，在低纬地区同样适于种植。

该群体由 256 个家系组成。重组自交系群体在 2018 年和 2019 年 6 月种植于山东省农业科学院济阳试验基地。试验行长设为 3 m，株距和行距分别设为 10 cm 和 50 cm。试验设 3 次重复。每行近一半的大豆植株开花时记为初花期。结果显示，群体开花时间存在较大差异。2018 年群体的开花期范围是 28~57 d，标准差为 7.21，峰度和偏度分别为 -0.71 和 0.50；2019 年群体的开花期范围是 30~58 d，标准差为 6.81，峰度和偏度分别为 -0.58 和 0.59。2018 年和 2019 年的峰度和偏度的绝对值均小于 1（表 2-11）。群体开花期数据分布近似正态分布（图 2-6），表明该群体适合进行 QTL 定位。

表 2-11 RIL 群体开花期数据统计

年份	亲本		RIL 群体					
	齐黄 34	冀豆 17	最小值	最大值	标准误差	平均值	偏度	峰度
2018	40.00	36.00	28.00	57.00	7.21	40.41	0.50	-0.71
2019	42.00	38.00	30.00	58.00	6.81	40.91	0.59	-0.58

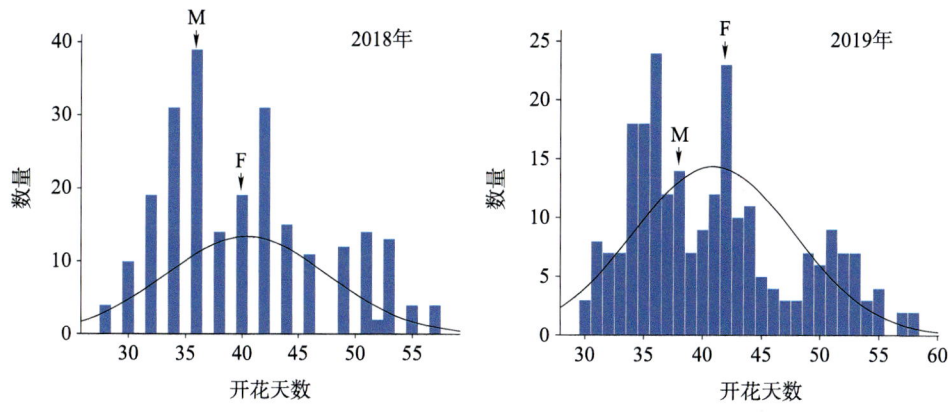

图 2-6　RIL 群体开花期表型数据频率分布

注：F 为母本（齐黄 34）；M 为父本（冀豆 17）。

利用 IM-ADD 法对开花期性状进行 QTL 定位。2018 年和 2019 年均只检测到 1 个位于 6 号染色体上的 QTL（图 2-7，表 2-12）。两个环境下该 QTL 的 LOD 值分别为 26.81 和 21.91，表型贡献率分别为 40.04% 和 33.93%。该 QTL 在两个环境下的加性效应均为负值，表现为负遗传效应。

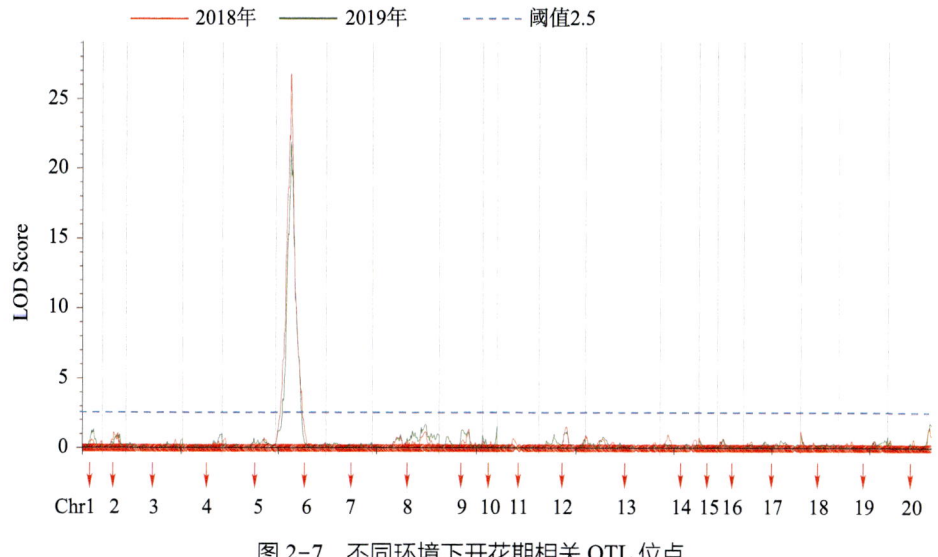

图 2-7　不同环境下开花期相关 QTL 位点

注：Chr，染色体（Chromosome）。

表 2-12　大豆开花期 QTL 定位结果

年份	QTL 名称	染色体	位置（cM）	LOD 值	表型贡献率	加性效应
2018	qFT6	6	31	26.81	40.04	-4.56
2019	qFT6	6	31	21.91	33.93	-3.96

该 QTL 区间内存在 36 个基因，其中 13 个基因 CDS 区在双亲间存在变异（表 2-13）。与父本冀豆 17 相比，*Glyma.06G206500* 在齐黄 34 中发生了移码突变，其他 12 个基因均发生了非同义突变。Uniprot 数据库注释信息以及基因注释分析发现该区间内有两个开花期调控相关基因。其中 *GmMDE06*（*Glyma.06G205800*）是拟南芥 AGL8 的同源基因。另一个开花期调控相关基因是大豆生育期组主效基因 *E1*（*Glyma.06G207800*）。*E1* 基因是大豆光周期响应的核心调控因子，该基因类型与开花期密切相关。显性 *E1* 基因过量表达将导致大豆开花明显延迟，是十分重要的开花抑制基因。*E1* 的变异类型主要包括 *e1-fs*、*e1-nl*、*e1-as* 和 *e1-b3a*。其中，*e1-as* 基因型是 *E1* 基因的第 44 个碱基发生改变，使编码蛋白的定位发生变化。*e1-as* 型植株开花及成熟期早于 *E1* 基因型植株，而早于功能丧失型（*e1-fs* 及 *e1-nl*）基因型植株。该基因在齐黄 34 中是显性 *E1* 基因型，而在冀豆 17 中第 44 位碱基是"C"，与参考基因组 Williams 82 相同，为丧失了部分功能的 *e1-as* 基因型。

表 2-13　QTL 位点中 CDS 区突变基因

基因 ID	变异信息		变异类型	功能注释
	齐黄 34	冀豆 17		
Glyma.06G205800	19587807bp：A/G	NA	非同义突变	AGL8 同源基因；MADS-box 家族基因
Glyma.06G205900	19677827bp：T/A	NA	非同义突变	糖基转移酶
Glyma.06G206200	19759390bp：G/T 19759737bp：A/G 19759843bp：A/T 19762203bp：G/T	NA	非同义突变	18S 核糖体组装前蛋白 gar2 相关
Glyma.06G206300	19781101bp：A/G	NA	非同义突变	碱性螺旋-环-螺旋（bHLH）超家族蛋白
Glyma.06G206500	19823381bp：A/T 19824279bp：AG/A	NA	移码突变	TBP 相关因子

续表

基因 ID	变异信息		变异类型	功能注释
	齐黄 34	冀豆 17		
Glyma.06G206700	19913355bp：A/C 19914127bp：A/T	NA	非同义突变	己糖基转移酶活性
Glyma.06G206900	19938863bp：T/C	NA	非同义突变	PPR 基因家族
Glyma.06G207400	20019458bp：C/G 20019523bp：A/G 20019660bp：C/T	NA	非同义突变	60S 核糖体蛋白 L21
Glyma.06G207500	20025137bp：A/G	NA	非同义突变	肽 -N4-（N- 乙酰基 -β- 氨基葡萄糖基）天冬酰胺酶 A 蛋白
Glyma.06G207800	20207322bp：C/G	NA	非同义突变	E1
Glyma.06G208100	20308827bp：T/C	NA	非同义突变	氧化还原酶活性
Glyma.06G208400	20342987bp：G/T	NA	非同义突变	酰基活化酶 17
Glyma.06G208700	20399351bp：C/G 20399357bp：T/A 20399638bp：A/G 20399659bp：G/A	NA	非同义突变	镁转运蛋白

  对亲本齐黄 34 和冀豆 17 进行 RNA 的提取，并对 *E1* 部分序列进行克隆，测序发现，齐黄 34 中的 *E1* 基因在编码区第 44 个核苷酸为 G，与显性 *E1* 序列完全相同，而冀豆 17 的序列在第 44 位碱基发生了改变，由 G 变成了 C，导致编码的氨基酸发生了替换。证实，齐黄 34 中 *E1* 确实是显性基因型，而冀豆 17 中为 *e1-as* 基因型。因此，*E1* 基因可能是解释齐黄 34 和冀豆 17 群体中开花表型变异的关键基因，显性 *E1* 基因的存在可能是造成齐黄 34 在除黄淮海地区以外的日照较短的低纬度地区适宜种植的重要原因。

  大豆 *GmFT2a* 基因在大豆开花调控中起到重要作用，是成花素候选基因。在 *E1* 过表达植株中，*GmFT2a* 的表达量显著下降。近期研究表明，*E1* 直接调控 *GmMDE06* 进而影响 *GmFT2a* 的表达。因此，我们检测了短日条件下齐黄 34 和冀豆 17 中不同天数 *GmFT2a* 的表达量。结果显示，短日处理下，齐黄 34 开花时间显著晚于冀豆 17（图 2-8A）。冀豆 17 中 *GmFT2a* 的表达量在前期高于齐黄 34，且在出苗 18 d 后（18DAE）表达量达到高峰；而齐黄 34 中 *GmFT2a* 的积累滞后于冀豆 17，在 22 DAE 达到高峰（图 2-8B）。由于齐黄 34 中显性 *E1* 对 *GmFT2a* 的抑制作用更强，因此造成了开花促进基因表达量的降低进而抑制了齐黄 34 的开花时间。

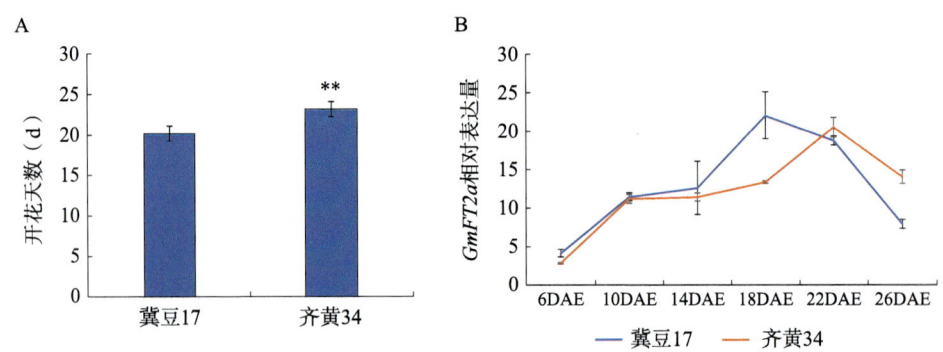

图 2-8　冀豆 17 和齐黄 34 开花天数比较（A）和 *GmFT2a* 表达量比较（B）

本研究以齐黄 34 和冀豆 17 杂交产生的重组自交系群体中 qFT6 位点的发现，也解释了齐黄 34 虽然适应范围广，但在高纬度地区不适宜种植的原因。由于 *E1* 为显性，在日照偏长的高纬度地区，其对开花促进基因 *GmFT2a* 的抑制作用更为强烈，导致齐黄 34 开花过晚，甚至不能正常开花。随着基因编辑技术的快速发展，可对 *E1* 进行定向敲除，使齐黄 34 中的 *E1* 基因转变为隐性基因型，进而创制出以大品种齐黄 34 为遗传基础且适宜在北方高纬度地区种植的优异大豆种质。

三、齐黄 34 和冀豆 17 杂交衍生的重组自交系群体极端家系的转录组测序与开花期基因分析

将齐黄 34 和冀豆 17 重组自交系群体 F8 代材料中开花时间明显早于和晚于双亲的家系成员（JY534 和 JY355）种植于人工气候箱，短日（12 h 光照/12 h 黑暗）条件下进行开花期的比较。结果显示，JY355 开花明显早于 JY534（图 2-9A、图 2-9B）。

对二者茎尖处的转录组结果进行分析，鉴定出 702 个差异基因（图 2-10）。将这些基因进行拟南芥同源基因注释，发现了 16 个开花相关基因。这些开花相关基因表达量的差异可能是造成齐黄 34 适应性不同于冀豆 17 的重要原因。

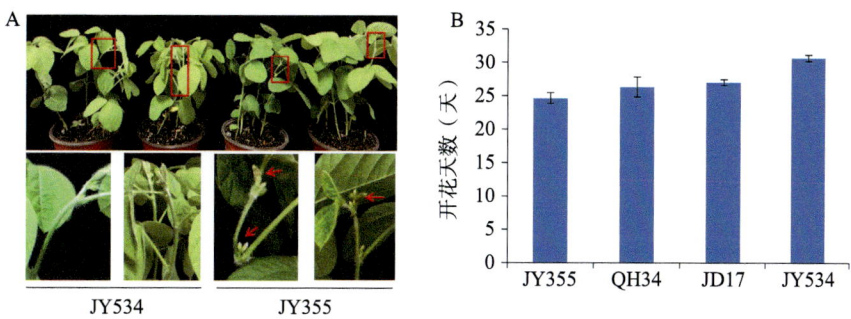

图 2-9　RIL 群体早花家系 JY355 和晚花家系 JY534 的短日条件下的开花期比较
（图片拍摄于出苗后第 27 天）

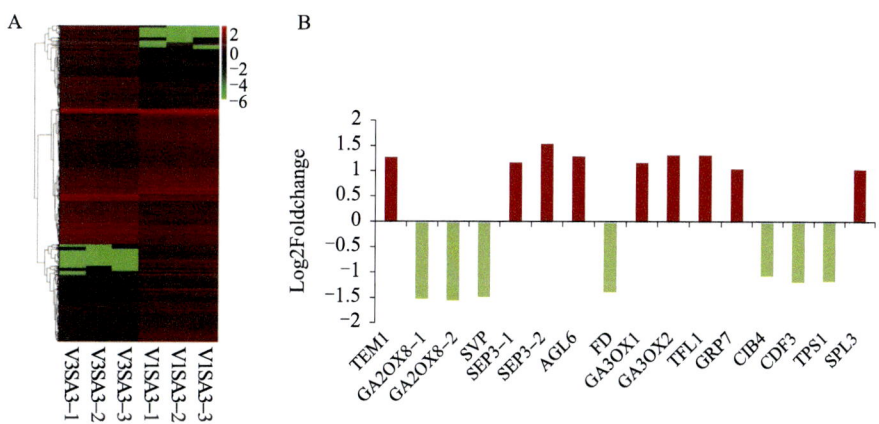

图 2-10　JY534 和 JY355 茎尖转录组差异基因

注：A 为差异基因热图；B 为开花相关差异基因。

第二节
齐黄 34 耐盐性研究进展

种植面积和单产是制约大豆生产的主要因素。由于单产提高的空间有限，增加大豆种植面积成为缓解我国大豆危机的有效途径。然而，人多地少是我国的基本国情。我国需要用占世界约 8% 的耕地养活全球约 19% 的人口。因此，在现有耕地上通过减少主粮作物种植以增加大豆种植面积并不现实。除了 18 亿亩的耕地红线，我国还有 11.7 亿亩的盐碱地、滩涂、高寒地和高旱地等边际土地可进行改造和利用。其中，各类盐碱地总和约为 5.5 亿亩，盐碱化的土地面积呈逐年扩大的趋势。目前，具备农业利用前景的盐碱地总面积为 1.85 亿亩。在保持生态环境的基础上，改良并有效利用盐碱地资源，使其成为潜在耕地，不仅可以防治环境进一步恶化，还能为保障我国粮食安全作出贡献，这为我国大豆发展提供了新的方向。如果能充分利用现有的 1.85 亿亩盐碱地，通过品种培育以及相关配套栽培管理技术的集成，达到我国现有单产水平，将使我国大豆自给率提高近 20%，从而大大缓解我国的大豆危机。目前，国内对盐碱地大豆种植的研究还处于起步阶段，现有的常规大豆品种大多为中度盐敏感品种，导致其在盐碱地的出苗和产量均不高，经济效益较差。在耐盐碱大豆种质大规模筛选和耐盐碱品种的培育方面，我国处于起步阶段，前期缺乏对耐中重度盐碱地大豆的报道。经过团队多年的研究发现，齐黄 34 在全生育期内具有耐盐特性，适合在盐碱地种植，并对此进行了系列研究。

一、耐盐大豆品种筛选

通过对 161 份大豆种质进行出苗期耐盐性筛选，以死苗率作为筛选指标，共获得 35 份死苗率小于等于 30% 的大豆种质（表 2-14），其中包括齐黄 34、菏豆 12、冀豆 12、冀豆 17 等黄淮海主推品种。

表 2-14　NaCl 胁迫下大豆种质出苗期死苗率

种质	死苗率	种质	死苗率	种质	死苗率	种质	死苗率
鲁 0410-4	0.00	圣豆 10 号	0.10	LH722	0.13	晋豆 23	0.22
石 76368	0.00	郑 1427	0.10	菏豆 12	0.17	Delsoy4500	0.22
中作 X025	0.00	洛豆 1 号	0.10	中黄 78	0.18	LH678	0.22
郑 1430	0.00	冠新 68	0.10	K117-3	0.20	泛 09C6	0.25
0602-3	0.00	冀豆 17	0.11	L85-2196	0.20	阜 107-3	0.25
诱处 4 号	0.10	中黄 42	0.11	冀豆 12	0.20	LH301	0.27
L86-1436	0.10	沧 0749	0.11	晋遗 52	0.20	PI88788	0.29
菏豆 30	0.10	PI90763	0.13	齐黄 42	0.20	临豆 10 号	0.30
济 J11130	0.10	石 135	0.13	鲁 0315-6	0.22		

对 35 份出苗期表现出较好耐盐性的大豆种质进行苗期耐盐性鉴定，以黄化萎蔫率作为筛选指标。结果如图 2-11 所示：冠新 68 有 50% 以上的植株死亡；鲁 0602-3、洛豆 1 号、菏豆 30 等 12 份大豆种质呈现较为严重的黄化现象；

LH678、Delsoy4500、J11130 等 14 份大豆种质呈现萎蔫；郑 1427、K117-3、齐黄 34、菏豆 12、鲁 0410-4、诱处 4 号、临豆 10 号和鲁 0315-6 共计 8 份大豆种质在整个 NaCl 处理过程中能够正常生长，未表现出黄化萎蔫现象。

图 2-11　NaCl 胁迫对大豆种质苗期的影响

将 NaCl 胁迫下正常生长的 8 份大豆种质种植于黄河三角洲盐碱地区。播种前测定土壤基础肥力及盐碱度，结果（表 2-15）表明，该地区土壤肥力中等，含盐量 1.7‰，呈弱碱性。收获后对 8 份大豆种质进行考种，结果（表 2-16）表明，8 份种质均能正常成熟，其中郑 1427、K117-3、齐黄 34、菏豆 12 单株粒重超过 30 g，并表现出较好的品质特性，可以在黄河三角洲地区推广种植。

表 2-15　土壤基础肥力及盐碱度分析

土层	全氮（g/kg）	碱解氮（mg/kg）	速效磷（mg/kg）	速效钾（mg/kg）	有机质含量（g/kg）	含盐量（g/kg）	pH 值
表层土壤（0～30 cm）	0.85 ± 0.20	57.34 ± 6.48	3.37 ± 0.91	210.83 ± 24.64	12.81 ± 1.15	1.70 ± 0.37	8.70 ± 0.15

表 2-16　大豆种质农艺性状统计

种质	株高（cm）	主茎节数	分枝数	单株荚数	单株粒数	单株粒重（g）	百粒重（g）	蛋白（%）	脂肪（%）
郑 1427	70.80	12.80	3.40	162.00	325.40	48.15	14.85	40.10	21.50
K117-3	74.80	12.20	4.20	77.80	177.40	37.48	21.63	37.80	21.90
齐黄 34	61.80	9.20	3.20	68.80	160.60	35.40	22.92	40.80	20.80
菏豆 12	66.60	11.60	3.00	63.00	149.60	35.07	24.20	39.90	22.10

续表

种质	株高（cm）	主茎节数	分枝数	单株荚数	单株粒数	单株粒重（g）	百粒重（g）	蛋白（%）	脂肪（%）
鲁 0410-4	62.80	11.60	1.80	60.40	116.20	26.54	23.83	39.30	20.40
诱处 4 号	55.20	9.60	3.20	60.00	138.80	24.30	19.63	44.70	18.70
临豆 10	55.60	9.20	1.80	56.00	115.60	22.77	19.80	38.30	20.90
鲁 0315-6	70.60	12.80	3.00	44.40	85.40	17.72	21.98	40.00	21.40

二、齐黄 34 盐碱地示范

自 2013 年开始，在山东省东营市盐碱地进行大面积示范推广，常年稳定亩产 250 kg/亩。

2017 年，在新疆图木舒克市对耐盐品种齐黄 34 进行了示范，示范面积 10.6 亩，示范田土壤平均盐分含量 0.4%，pH 值为 8.4，经测产，平均亩产 322.7 kg/亩。

2021 年，在山东省东营市垦利区对耐盐品种齐黄 34 进行了示范，面积 760 亩，收获前土壤盐分含量 0.3%，大豆全生育期间盐分含量高于 0.3%，平均亩产为 151.3 kg/亩。

2022 年，在山东省东营市河口区盐碱地示范齐黄 300 亩，实收面积 5 亩，亩产 329.3 kg/亩。

2024 年，与石河子试验站合作，在新疆图木舒克市盐分含量 0.5%~0.6%，pH 值为 8.4 的盐碱地，采用膜下滴灌，水肥一体化技术，进行了耐盐碱品种齐黄 34 的示范，面积 20 亩，实收亩产 223.59 kg/亩。

2024 年，在东营市利津县盐分含量 0.3%~0.8% 的盐碱地进行了齐黄 34 的示范，亩产为 143.2 kg/亩。

三、齐黄 34 耐盐机理解析

（一）齐黄 34 转录组测序

通过室内和田间相结合的方法已验证大豆品种齐黄 34 耐盐性较强。为了揭示齐黄 34 的耐盐机理，在室内水培条件下对齐黄 34 进行盐胁迫处理。具体处理方式为如下：齐黄 34 种子经 10% 次氯酸钠（V/V）消毒 20 min 后，用蒸馏水清洗 5 遍。将消毒好的种子均匀放置在湿润的滤纸上催芽。3 d 后挑选生长一致的大豆幼苗转移至底部有网眼的塑料筐中，塑料筐放置于盛有 1/2 改良 Hogland 营养液的塑料盆中，保持大豆根能够充分浸入营养液中，并用通气泵通气，试验在山东省农业科学院作物所光照培养室进行，培养温度为25℃/22℃，光照时间为16 h，湿度控制在50%～60%。待真叶展开，挑选长势一致的大豆幼苗转移至盛有5 L改良Hogland营养液的塑料盒中进行培养，通气泵保持24 h通气，6 d后用150 mmol/L NaCl处理，分别在0、1 h、3 h、6 h和12 h取根部组织为样本，每个时间点3次生物学重复，样品提取RNA后由北京诺禾致源科技股份有限公司进行转录组测序分析。

设置P值<0.05且$|\log_2 FC|\geqslant 2$，4个时间点分别筛选出盐胁迫响应基因3 934个、4 494个、5 714个和6 734个（图2-12）。韦恩图结果显示，有1 200个差异表达基因在4个时间点均发生显著变化（图2-13）。

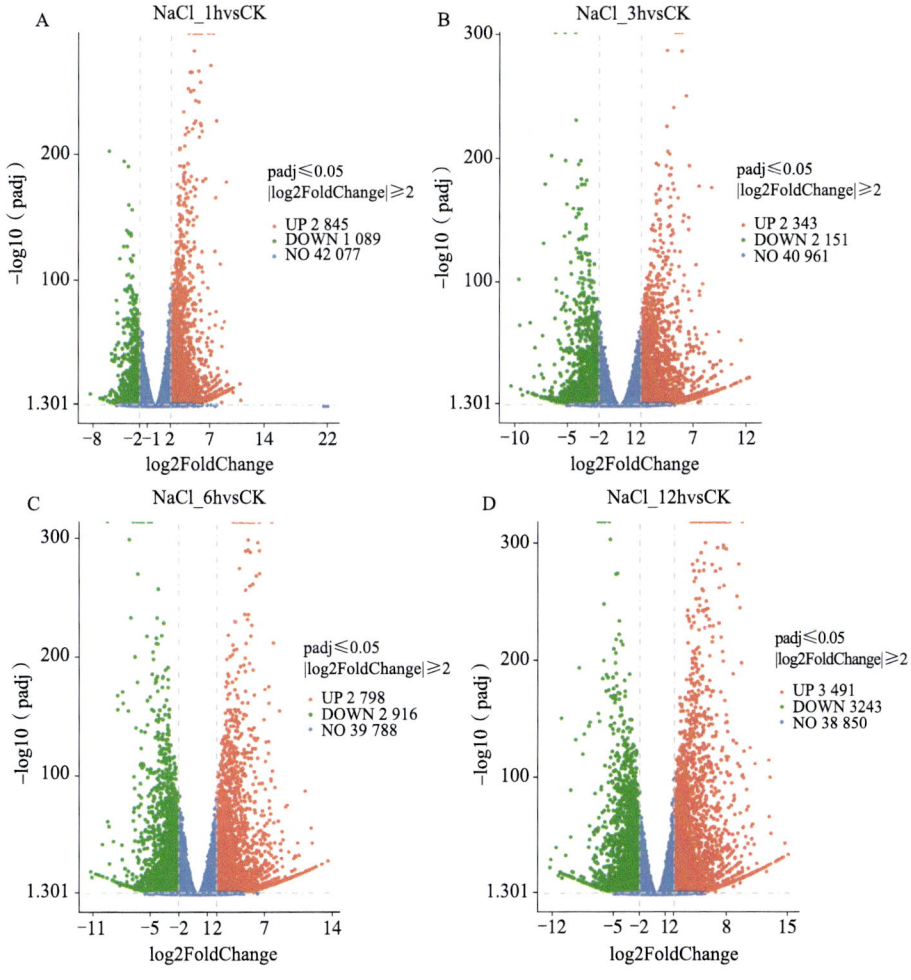

图2-12　齐黄34盐胁迫处理不同时间点差异表达基因数量

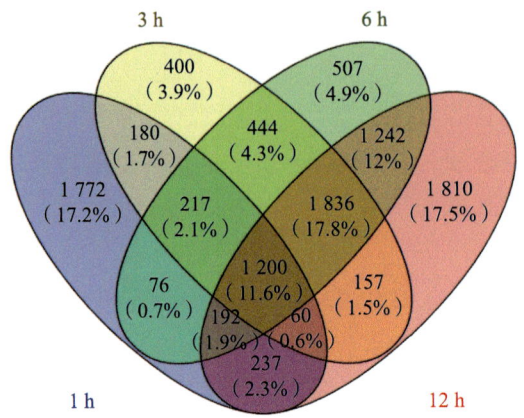

图 2-13　齐黄 34 盐胁迫处理不同时间点差异表达基因韦恩图

（二）盐胁迫响应硝酸盐转运蛋白基因的鉴定

硝酸盐转运蛋白（Nitrate Transporters，NRTs）在植物根系 NO_3^- 吸收或转运中发挥重要作用，为探究大豆 *NRTs* 基因在盐胁迫响应中的功能。从齐黄 34 盐胁迫处理的转录组数据中鉴定出 8 个持续响应盐胁迫的差异表达 *GmNRTs* 基因。与 0 mmol/L NaCl 处理（对照）相比，150 mmol/L NaCl 处理 1 h，3 h，6 h 和 12 h 后有 8 个大豆 *NRTs* 基因的表达均发生显著变化。8 个基因中只有 *GmNRT2.4* 基因属于 *NRT2* 家族，其他基因均为 *NRT1s* 家族基因。从结果可以看出，盐处理显著诱导 *GmNRT1.2*、*GmNRT1.11*、*GmNRT1.14A*、*GmNRT1.14B*、*GmNRT1.5A*、*GmNRT1.5B* 基因的表达，相反，*GmNRT1.1* 和 *GmNRT2.4* 基因在 4 个时间点均显著下调（图 2-14）。

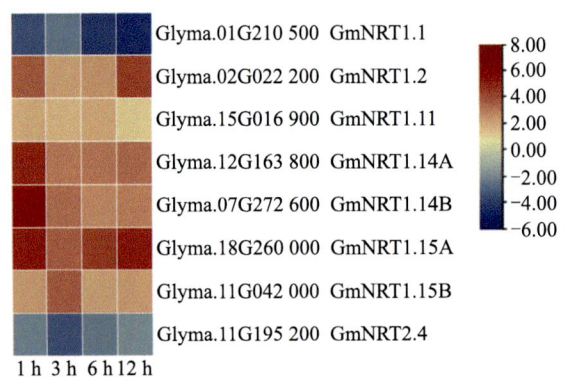

图 2-14　NaCl 处理不同时间点根系差异表达 *GmNRTs* 基因

将 8 个差异表达的 *GmNRTs* 基因号输入 Phytozome 中，批量提取 8 个 *NRTs*

基因起始密码子 ATG 上游 2 kb 的启动子序列。利用 PlantCARE 软件对 8 个 *NRTs* 基因启动子进行顺式作用元件分析发现，这些基因的启动子中包含多个与非生物胁迫相关的顺式作用元件和植物激素响应元件。胁迫响应元件包括干响应元件（MYB 和 MBS）；植物激素响应元件包括：脱落酸响应顺式作用元件 ABRE、赤霉素响应元件 GARE-motif、乙烯响应元件 ERE、茉莉酸甲酯响应元件 TGACG-motif（图 2-15）。

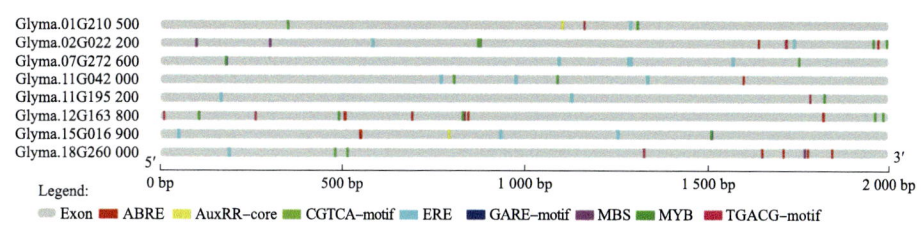

图 2-15 大豆盐胁迫响应 *NRTs* 基因启动子顺式作用元件分析

注：ABRE 为脱落酸响应元件；AuxRR-core 为生长素应答元件；GARE-motif 为赤霉素应答元件；ERE 为乙烯应答元件；MBS 为参与干旱诱导的 MYB 结合位点；MYB 为 MYB 结合位点；TGACG-motif 为茉莉酸甲酯响应元件。

对 NaCl 处理上调幅度最大的基因 Glyma.18G260000（*GmNRT1.5A*）进行了克隆与分析，从 Phytozome 中下载 *GmNRT1.5A* CDs 序列后设计引物，以齐黄 34 cDNA 为模板扩增 *GmNRT1.5A* 全长，引物序列如下：*GmNRT1.5A*-F：5′-ATGGGTTGTTTGTATTTTC-3′；*GmNRT1.5A*-R：5′-CACTACTTCAGGGTCTTCTT-3′。PCR 扩增获得长度为 1 794 bp 的片段（图 2-15）。将 PCR 产物连接到 T 载体 pGM-T 后转化大肠杆菌，挑取单克隆测序，测序结果经 DNAMAN 比对发现，齐黄 34 中的 *GmNRT1.5A* 基因序列与 W82 的参考基因组序列完全一致（图 2-16）。

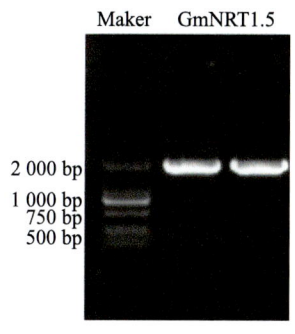

图 2-16 大豆盐胁迫响应 *GmNRT1.5A* 基因的克隆

为验证 *GmNRT1.5A* 基因对盐胁迫的响应，重新对大豆幼苗进行不同时间点 NaCl 盐胁迫处理，取地下部样品提取 RNA 进行 *GmNRT1.5A* 表达量验证。引物序列如下：*GmNRT1.5A*-F-qRT：5′-GCCACAGATGAGATGCCAGG-3′；*GmNRT1.5A*-R-qRT：5′-TACAAGATCAGCTGCGGTGAG-3′。内参基因选用的 *GmActin*，引物序列如下：*GmActin*-F：5′-CGGTGGTTCTATCTTGGCATC-3′；*GmActin*-R：5′-GTCTTTCGCTTCAATAACCCTA-3′。定量结果表明，盐胁迫处理 1 h，3 h，6 h 和 12 h 后，根系中 *GmNRT1.5A* 基因表达迅速被诱导，6 h 的诱导倍数最高（图 2-17A）。此外，PEG 处理后对根系样品进行表达量验证表明，与盐胁迫处理结果相同，PEG 处理不同时间后，根系中 *GmNRT1.5A* 基因表达迅速被诱导，其中，处理 12 h 后诱导倍数最高（图 2-17B）。

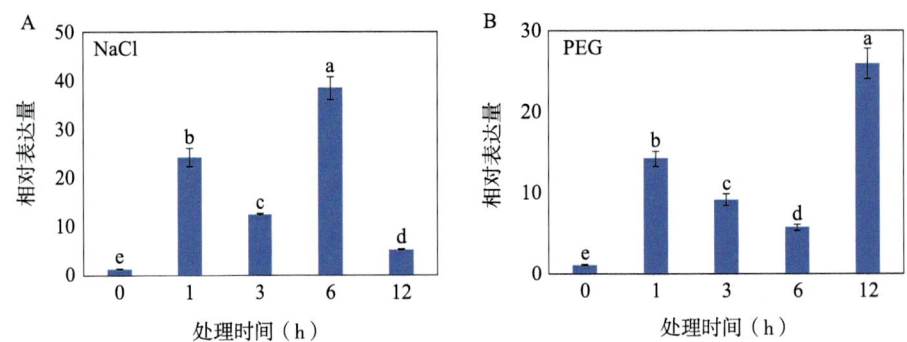

图 2-17　NaCl 和 PEG 处理不同时间点后 *GmNRT1.5A* 基因根系的相对表达量

利用 RT-qPCR 检测 *GmNRT1.5A* 基因在大豆幼苗不同部位的表达模式的结果如图 2-18 所示，*GmNRT1.5A* 基因在大豆根系、茎、叶、芽、荚和籽粒中均有不同程度的表达，其中在根系、叶和籽粒中的表达量较高，而在茎中表达量较低。

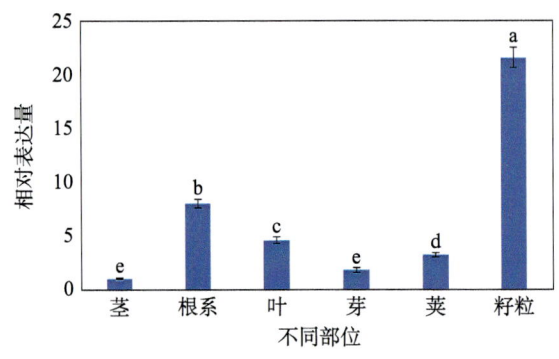

图 2-18　*GmNRT1.5A* 基因在不同组织中的表达分析

分析不同植物激素脱落酸（ABA）、赤霉素（GA$_3$）和乙烯合成前体（ACC）处理对大豆幼苗根系中 *GmNRT1.5A* 基因表达影响的结果表明，在 ABA 处理 1 h，3 h，6 h，9 h 和 12 h 后 *GmNRT1.5A* 基因的表达在根系均显著上调（图 2-19A）。与 ABA 处理相同，乙烯合成前体（ACC）处理后 6 h 后，根系中 *GmNRT1.5A* 基因的表达显著被诱导（图 2-19B）。与 ABA 和 ACC 处理相反，赤霉素（GA$_3$）处理不同时间点后，根系中 *GmNRT1.5A* 基因的表达显著下调（图 2-19C）。

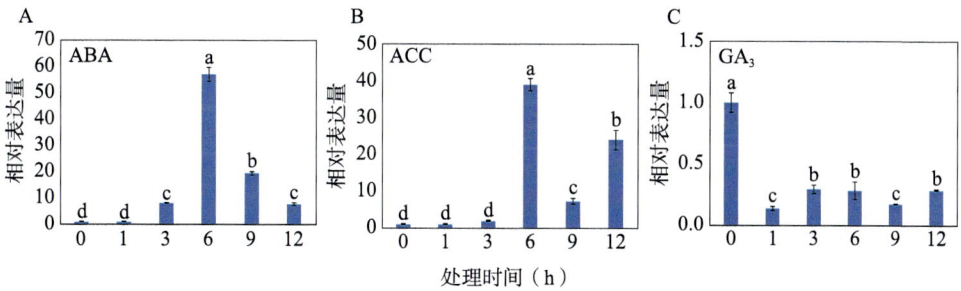

图 2-19　不同激素处理下 *GmNRT1.5A* 基因表达分析

（三）盐胁迫响应基因 *GmATHB12* 基因的筛选与功能验证

HD-Zip 转录因子是高等植物中特有的一类转录因子，在高等植物的生长发育以及生物和非生物胁迫等逆境应答中起着重要的调控作用。通过分析齐黄 34 盐胁迫处理后的转录组数据发现，齐黄 34 中 HD-zip 类转录因子 *GmATHB12* 对盐胁迫响应变化较大。

以大豆齐黄 34 根系 RNA 反转录获得的 cDNA 为模板，利用 *GmATHB12* 的全长引物（*GmATHB12*-F：5′-ATGGAATATACTTATTCAGC-3′ 和 *GmATHB12*-R：5′-GGACCAGAAGTCCCACCATT-3′）进行扩增得到长度为 714bp 的 CDS 序列全长（图 2-20），并连接到 pLB 载体上进行转化与测序。测序结果发现，齐黄 34 中 *GmATHB12* 基因的开放阅读框序列与 Phytozome 数据库中威廉姆斯 82 的参考基因组序列完全相同。该基因编码 238 个氨基酸，有 2 个保守结构域，同源异型框结构域和同源异形框相关的亮氨酸拉链结构域（图 2-21）。将 *GmATHB12* 的氨基酸序列在 NCBI 中进行 Blast，得到了在拟南芥、玉米和水稻中与 *GmATHB12* 相似度较高的基因，利用 MEGA5.0 采用邻接法构建大豆与近缘物 ATHB12 氨基酸序列的系统发育进化树。结果表明，大豆中 *GmATHB12* 和拟南芥 AT3G61890.1 基因及水稻 LOCOs09G35910.1 同源性较高。拟南芥中

AT3G61890.1 对应的基因为 *AtATHB12*，该基因已经证明通过调控钠离子的外排参与调控盐胁迫响应（Shin et al., 2004）。

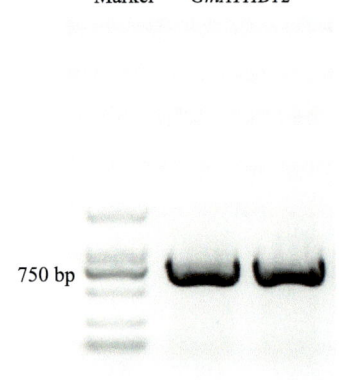

图 2-20　PCR 扩增 *GmATHB12* 开放阅读框

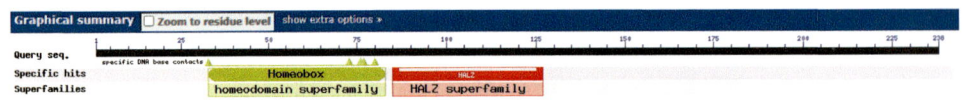

图 2-21　*GmATHB12* 编码的氨基酸序列和结构域

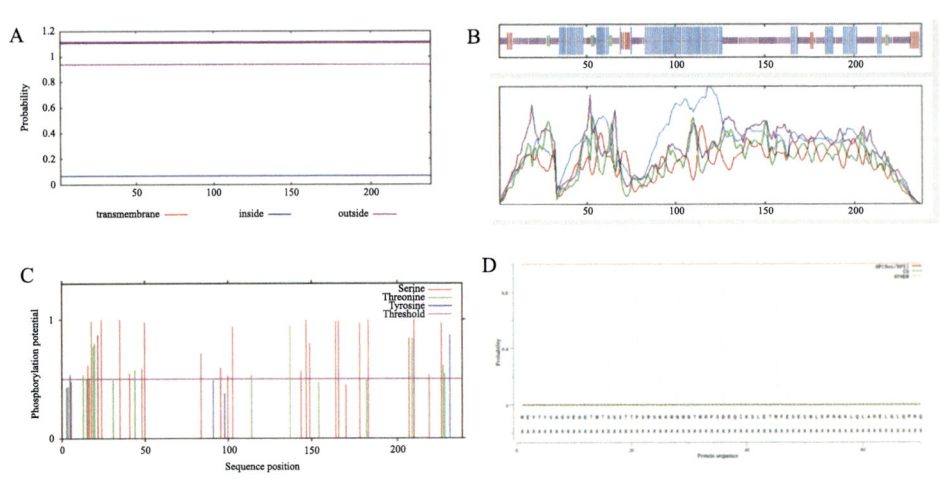

图 2-22　GmATHB12 生物信息学分析

注：A 为 GmATHB12 跨膜结构域分析；B 为 GmATHB12 二级结构预测；C 为 GmATHB12 磷酸化位点预测；D 为 GmATHB12 信号肽预测。

为了解大豆 GmATHB12 的理化性质与结构特征，本研究利用相关的生物信息学软件对大豆 ATHB12 编码的氨基酸序列进行了进一步的分析。采用 TMMHM Server v.2.0 预测发现该蛋白无跨膜结构域，为非跨膜蛋白（图 2-22 A）；通过 SOPMA 预测其编码蛋白质二级结构，结果表明 GmATHB12 蛋白由 37.39% 的 α 螺旋、3.36% β 转角、52.94% 的无规则卷曲和 6.30% 的延伸链构成其二级结构（图 2-22B）。使用 NetPhos 3.1 Serve 软件对蛋白序列进行磷酸化位点分析，结果发现 GmATHB12 共有磷酸化位点 Tyr2 个，Ser24 个，Thr9 个（图 2-22C）。使用蛋白质信号肽预测网站 SignalP 4.1 Server 预测，发现 GmATHB12 蛋白无信号肽（图 2-22D）。

利用 RT-qPCR 检测 *GmATHB12* 基因对盐胁迫的响应，以 *GmActin* 为内参基因（引物为 *qGmATHB12*-F：5′-CCAATGGAGCCAGGTCAGAG-3′；*qGmATHB12*-R：5′-GATATTTCCATTGATGGGCTTGG-3′；*qGmActin*-F：5′-CGGTGGTTCTATCTTGGCATC-3′；*qGmActin*-R：5′-GTCTTTCGCTTCAATAACCCTA-3′），结果显示：与对照 CK（0 mol/L NaCl）相比，盐胁迫处理（0.15 mol/L NaCl）处理不同时间点（1 h、3 h、6 h、9 h 和 12 h）显著诱导根中 *GmATHB12* 基因的表达，其中盐处理 6 h 后诱导倍数最高（图 2-23）。通过测定不同组织（根、茎、叶片、花、荚和籽粒）中 *GmATHB12* 基因的表达发现，*GmATHB12* 在茎中的表达量较高，在籽粒中的表达较低（图 2-24）。

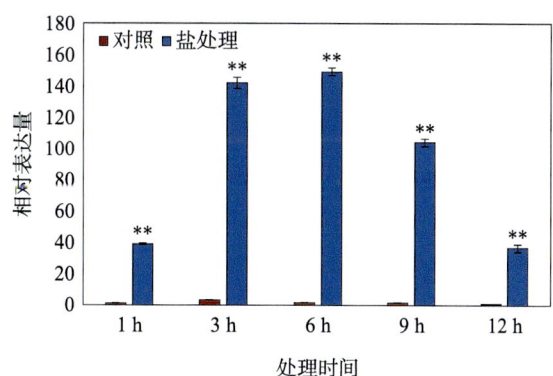

图 2-23　*GmATHB12* 基因对盐胁迫处理的响应

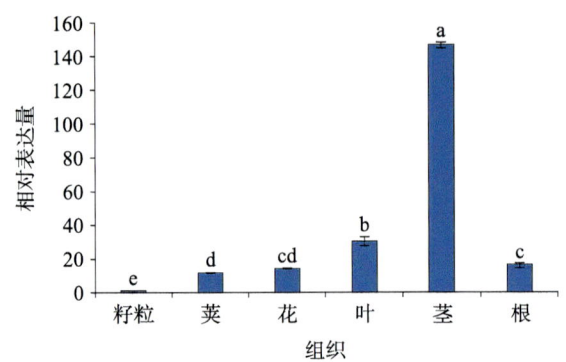

图 2-24　GmATHB12 基因在大豆不同组织中的表达情况

克隆 GmATHB12 基因的启动子，将其连接到 pCAMBIAI301-GUS 载体上，测序正确后将质粒转化到农杆菌中，筛选纯合株系后进行 GUS 染色，用 75% 的乙醇脱色后在体式显微镜下观察并拍照，如图 2-25 所示，GmATHB12 基因在根、叶片、花和荚中均有表达。

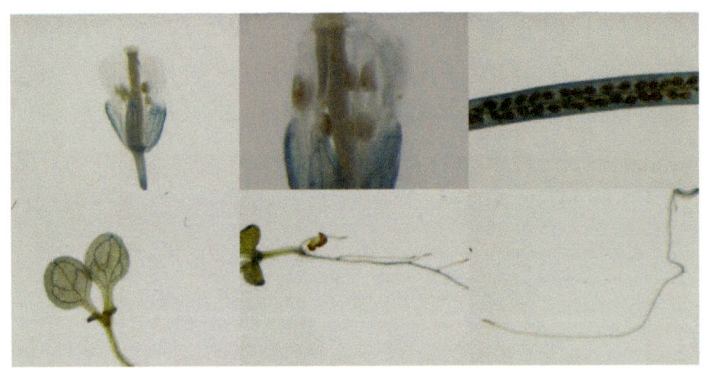

图 2-25　GmATHB12 的组织表达分析

构建 GmATHB12 和 GFP 的融合表达载体 pCAMBIA1300-GmATHB12，将其与空载体 pCAMBIA1300-GFP 共转化烟草叶片，在激光共聚焦显微镜下观察 GmATHB12 的亚细胞定位。结果如图 2-26 所示。融合蛋白 GmATHB12-GFP 仅在细胞核有分布，而空载体对照的 GFP 绿色荧光在细胞核、细胞质和细胞膜中都有分布，说明 GmATHB12 定位于细胞核。

为了验证 GmATHB12 是一个转录因子，在酵母系统进行了 GmATHB12 基因的转录激活验证实验，将 GmATHB12 的 CDS 序列与 pGBKT7 载体（包含 DNA-BD 结构域）连接后转化酵母感受态细胞 AH109，携带有 pGBKT7-GmATHB12

载体的酵母菌株在二缺培养基中生长变蓝，表明 GmATHB12 具有转录激活活性，推测为转录激活因子（图 2-27）。

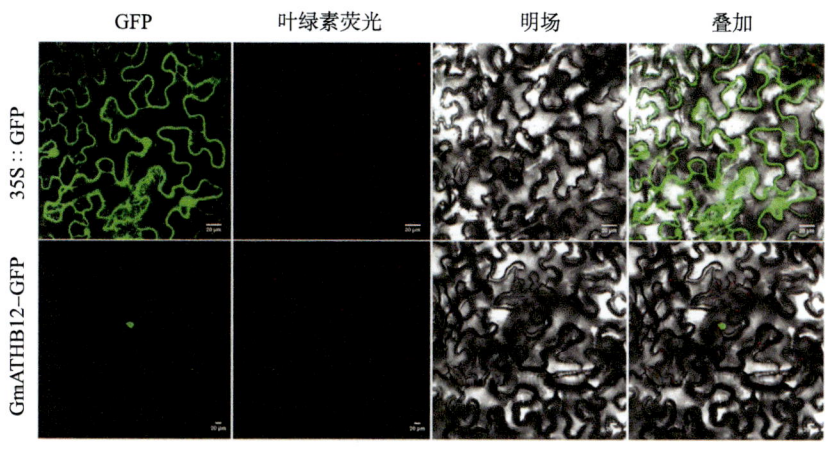

图 2-26　GmATHB12 亚细胞定位分析

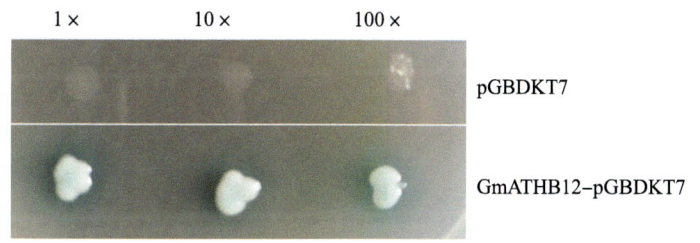

图 2-27　*GmATHB12* 转录激活活性分析

为了验证 *GmATHB12* 基因在大豆盐胁迫中的功能，构建 *GmATHB12* 过量表达载体 P3300s-*GmATHB12*，并进行大豆的遗传转化。得到 3 个转 *GmATHB12* 基因 T3 代纯合株系（OE1、OE2 和 OE4）。通过土培的方法，种植 12 d 后提取转基因大豆和对照植株叶片中的 RNA，反转录成 cDNA，采用 Real-time RT-PCR 方法进行检测。检测结果如图 2-28 所示：与对照 W82 相比，转 *GmATHB12* 基因 T3 代纯合株系 OE1、OE2 和 OE4 中 *GmATHB12* 基因的表达量很高，说明 GmATHB12 过量表达大豆株系构建成功。

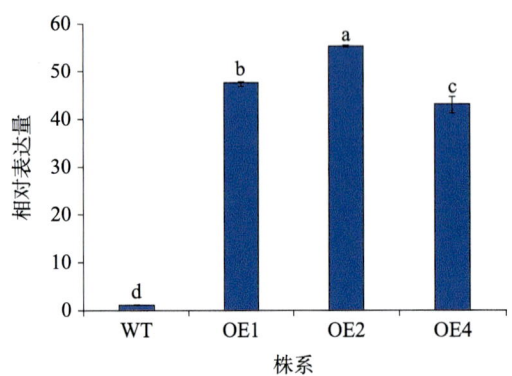

图 2-28　转 *GmATHB12* 超表达株系中 *GmATHB12* 的表达水平检测

挑选大小一致的野生型对照大豆（W82）和转 *GmATHB12* 基因 T3 代纯合株系 OE1、OE2 和 OE4 的种子播种在 10 cm×10 cm 的圆形塑料盆中，盆中装有蛭石和泥炭土的混合物（比例为 1∶3），所有花盆中的土壤重量相同。每个株系 6 个重复，每个重复 5 盆，每盆 3 粒种子。设置盐胁迫处理和正常浇水处理，盐胁迫处理和正常浇水处理除下述第一次灌溉和第二次灌溉采用的液体不同外，其他操作均相同。盐胁迫处理（Salt）：植物在 26℃培养温度下正常浇水培养 10 d 后，进行盐胁迫处理 10 d，盐胁迫处理期间使用 0.2 mol/L 的 NaCl 溶液（由 NaCl 和溶剂组成，溶剂为水）灌溉两次，第一次灌溉（记为盐处理第 0 天），第二次灌溉为第一次灌溉后第 6 天（即盐处理第 6 天）。正常浇水处理（CK）：植物在 26℃培养温度下正常浇水培养 10 d 后，继续进行正常浇水处理 10 d，正常浇水处理期间使用上述溶剂（水）进行两次灌溉，第一次灌溉（记为盐对照处理第 0 天），第二次灌溉为第一次灌溉后第 6 天（记为盐对照处理第 6 天）。在盐胁迫处理或正常浇水处理第 10 天（即第二次灌溉后第 4 天）观察大豆表型，统计成活率及取地上部样品测定鲜重和叶绿素含量。结果显示：在正常浇水处理的条件下，W82 和 OE1、OE2、OE4 三个超表达株系的长势一致，但盐胁迫处理 10 d 后 W82 叶片开始出现萎蔫现象，三个超表达株系长势明显好于 W82（图 2-29A）。统计结果显示，在正常条件下，W82、OE1、OE2 和 OE4 四个株系的鲜重、叶片叶绿素含量和存活率没有差异；但盐胁迫处理后，OE1、OE2 和 OE4 三个超表达株系的鲜重（图 2-29B），叶绿素含量（图 2-29C）和存活率（图 2-29D）都显著高于对照 W82。从上述结果可以看出，大豆 *GmATHB12* 基因的过表达能提高大豆的耐盐性。

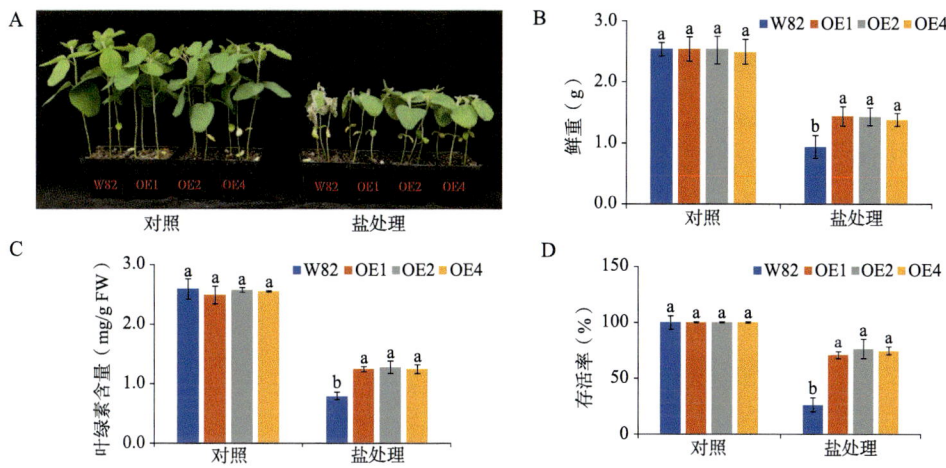

图 2-29　转 *GmATHB12* 超表达株系大豆盐胁迫表型、鲜重、叶绿素含量和存活率

（四）乙烯对齐黄 34 大豆幼苗盐胁迫响应的调控机制研究

为研究乙烯对大豆盐胁迫响应的调控作用，促进乙烯在大豆高效栽培中的应用，以耐盐大豆品种齐黄 34 为材料，采用水培的方法，外源添加乙烯合成前体 1- 氨基环丙烷 -1- 羧酸（1-Aminocyclopropane-1-carboxylic acid，ACC）后进行 NaCl 胁迫处理，设置 4 种不同处理，测定盐处理对乙烯合成关键限速酶基因表达的影响，乙烯对盐胁迫下大豆幼苗形态建成、渗透调节系统和氧化还原系统的影响，分析乙烯对大豆抗盐的调控效应。

首先分析了盐胁迫下乙烯合成关键限速酶基因表达变化，如图 2-30 所示，盐胁迫处理可以显著诱导 3 h，6 h，9 h 和 12 h 齐黄 34 叶片中乙烯合成关键限速酶基因 *GmACS1*、*GmACS2* 和 *GmACS6* 表达，3 个基因随盐处理时间延长的表达规律接近，均呈现先升高后降低的趋势。结果表明乙烯参与调控大豆盐胁迫响应。

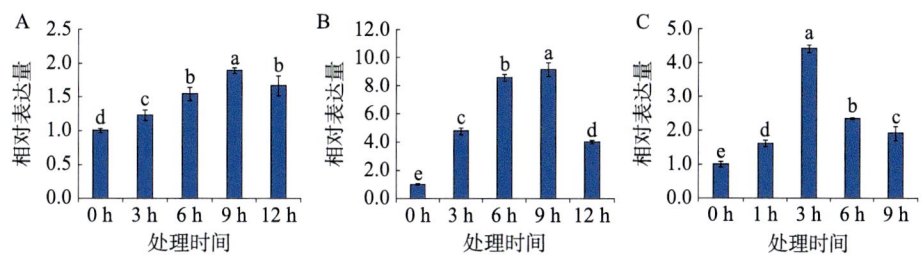

图 2-30　盐处理不同时间乙烯合成限速酶基因表达量分析

注：A 为 *GmACS1*；B 为 *GmACS2*；C 为 *GmACS6*。不同小写字母表示差异显著（$P<0.05$）。下同。

接下来研究了乙烯对盐胁迫下齐黄34大豆幼苗形态建成的影响,正常培养条件下,外源添加ACC显著抑制大豆主根伸长生长,而对株高和叶片衰老无显著影响(图2-31A)。盐胁迫条件下,外源添加ACC同样显著抑制主根伸长,处理间株高无显著差异,但ACC处理显著促进盐胁迫下大豆叶片的衰老(图2-31A)。而且,ACC处理显著抑制正常条件与盐胁迫条件下大豆地上部和地下部干物质的积累,与地下部相比,ACC处理对正常条件与盐胁迫条件下地上部干物质积累抑制较显著(图2-31B)。

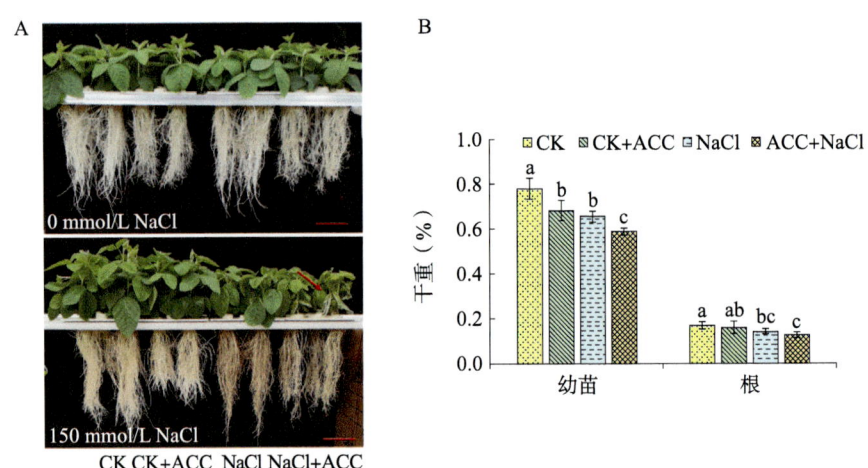

图2-31 盐胁迫条件下ACC处理对大豆幼苗生长的影响

通过测定叶片叶绿素含量发现,在正常条件下,ACC处理不影响大豆叶片叶绿素含量,但ACC处理显著降低盐胁迫下叶片叶绿素含量(图2-32),以上结果表明乙烯负调控大豆耐盐性。

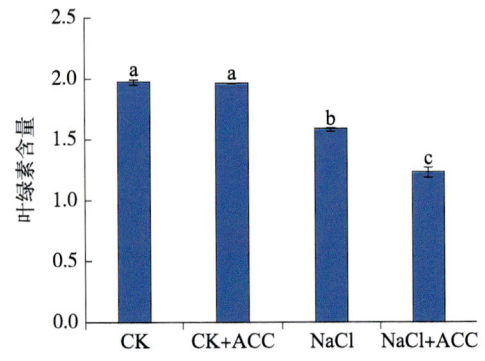

图2-32 盐胁迫条件下ACC处理对大豆幼苗叶绿素含量的影响

通过研究乙烯对盐胁迫处理下齐黄34大豆幼苗渗透调节系统的影响发现，与对照相比，盐胁迫处理显著提高大豆地下部和地上部Na^+含量。在正常培养条件下，ACC处理不影响大豆地上部和地下部Na^+的积累，但ACC处理显著提高了盐胁迫下地下部（图2-33A）和地上部（图2-33D）Na^+含量。与对照相比，盐胁迫处理不影响地上部和地下部K^+含量，但ACC处理显著提高正常条件及盐胁迫条件下地下部（图2-33B）和地上部（图2-33E）K^+含量。在正常培养条件下，ACC处理不影响地上部和地下部Na^+/K^+比，盐胁迫条件下，ACC处理对地下部（图2-33C）Na^+/K^+比影响较小，显著提高地上部（图2-33F）Na^+/K^+比。

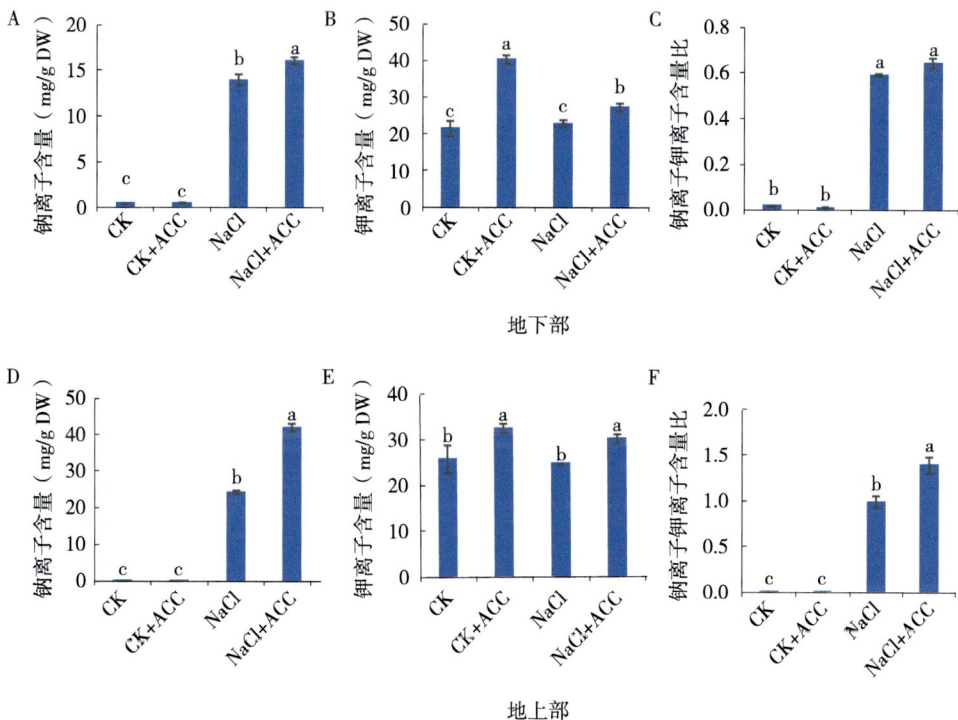

图2-33　盐胁迫条件下ACC处理对大豆地上部和地下部Na^+和K^+含量的影响

盐胁迫处理可以显著提高大豆叶片脯氨酸和丙二醛含量，在正常培养条件下，ACC处理不影响脯氨酸和丙二醛在叶片中的积累；但盐胁迫处理下，ACC处理显著降低大豆叶片脯氨酸含量（图2-34A），显著促进盐大豆叶片丙二醛的积累（图2-34B）。

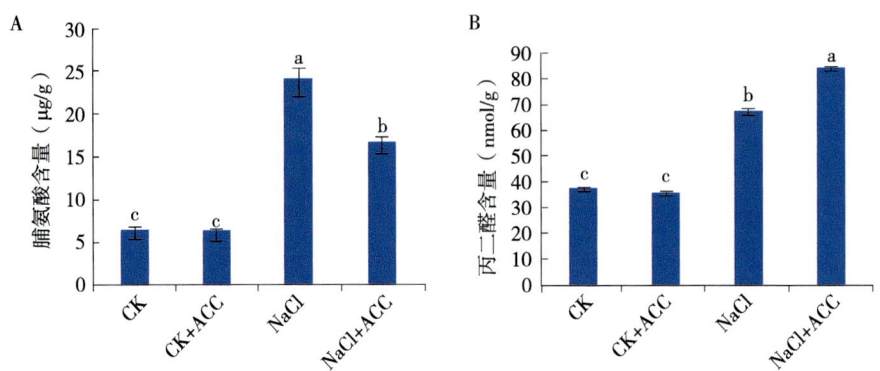

图 2-34　盐胁迫条件下 ACC 处理对大豆叶片脯氨酸和丙二醛含量的影响

通过研究乙烯对盐胁迫处理下齐黄 34 氧化还原平衡系统的影响发现，在正常培养条件下，盐胁迫处理的大豆叶片与对照相比染色无显著差异，盐胁迫条件下，ACC 处理后的大豆叶片表现出更深的 NBT 染色强度（图 2-35A）。叶片 $O_2 \cdot ^-$ 产生速率测定结果与 NBT 染色结果一致。盐胁迫处理显著提高大豆叶片 $O_2 \cdot ^-$ 的释放，正常培养条件下，ACC 处理不影响大豆叶片 $O_2 \cdot ^-$ 的释放，但盐胁迫条件下，ACC 处理显著提高大豆叶片 $O_2 \cdot ^-$ 的释放速率（图 2-35B）。

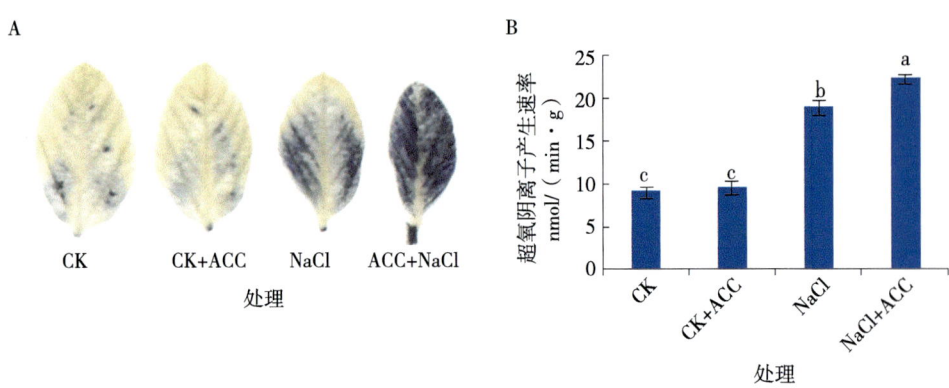

图 2-35　盐胁迫条件下 ACC 处理对大豆叶片 $O_2 \cdot ^-$ 积累的影响

盐胁迫处理可以显著提高大豆叶片 POD 活性，在正常培养条件下，ACC 处理不影响 POD 的活性但盐胁迫处理下，ACC 处理显著降低叶片 POD 活性（图 2-36）。

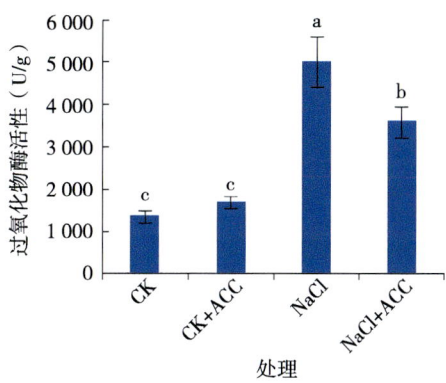

图 2-36　盐胁迫条件下 ACC 处理对大豆叶片 POD 积累的影响

NAPDH 氧化酶是 $O_2·^-$ 产生的主要酶，通过测定大豆 NAPDH 氧化酶主要基因 *GmRbohA* 和 *GmRbohB* 的表达发现，盐胁迫处理可以显著诱导 *GmRbohA* 和 *GmRbohB* 的表达。与对照相比，ACC 处理显著提高盐处理 1 h、3 h、6 h 和 12 h 后 *GmRbohA*（图 2-37A）与 *GmRbohB*（图 2-37B）的表达，处理 12 h 诱导幅度最大。

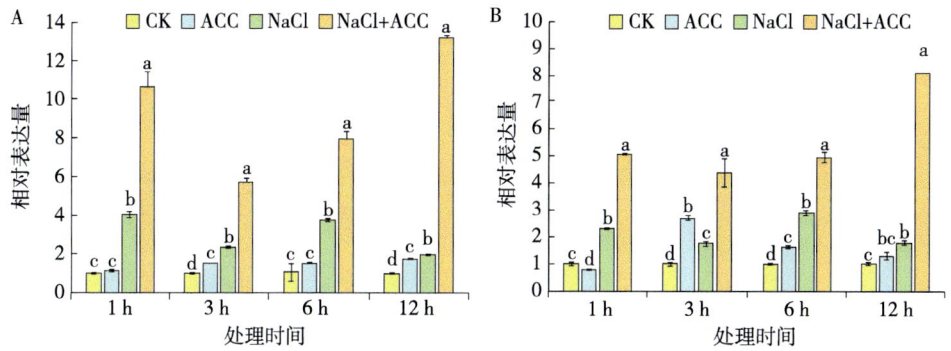

图 2-37　盐胁迫条件下 ACC 处理对大豆 NAPDH 氧化酶基因的影响

本研究以耐盐大豆品种齐黄 34 为试验材料，结合外源添加 ACC 处理，研究了乙烯对大豆幼苗响应盐胁迫的生理及分子机制。盐胁迫处理显著诱导乙烯合成酶基因 *GmACS1*、*GmACS2* 和 *GmACS6* 的表达。ACC 处理通过提高盐胁迫下 NADPH 氧化酶 *GmRbohA* 和 *GmRbohB* 表达，降低叶片 POD 活性和脯氨酸含量，从而促进叶片中 $O_2·^-$ 的产生速率，影响体内 ROS 平衡，提高叶片 Na^+/K^+ 比，增加大豆的盐敏感性。

（五）黄酮类化合物参与调控大豆盐胁迫响应的机制

前期通过耐盐品种筛选，鉴定出耐盐品种齐黄 34（QH34）和盐敏感品种泛

13A13（F13A13）。在对照（清水）和盐胁迫（200 mmol/L NaCl）条件下，两个品种的盐敏感性存在显著差异。结果如图 2-38A 所示，盐处理 10 d 后，QH34 的叶子保持绿色，但 F13A13 的大部分叶子变黄或死亡。将 QH34 和 F13A13 杂交，共获得了 12 个高代稳定株系（命名为 FQ01-FQ12）。通过鉴定 12 个株系的盐敏感性发现，FQ07 具有较高的耐盐性和成活率，而 FQ03 对盐敏感，成活率较低（图 2-38B、图 2-38C）。为了进一步确认 FQ03 和 FQ07 的盐敏感性，分别在含有和不含 150 mmol/L NaCl 的 Hoagland 溶液中培养幼苗。盐处理 6 d 后，与对照相比，FQ03 和 FQ07 的生长受到明显抑制，但 FQ07 表现出比 FQ03 更强的耐盐能力，FQ03 的叶子变黄，而 FQ07 的叶子保持绿色（图 2-38D）。此外，盐胁迫处理后，FQ07 幼苗的地上部和根干重显著高于 FQ03 幼苗（图 2-38E、图 2-38F）。因此，FQ03 被鉴定为盐敏感（SS）基因型，而 FQ07 被鉴定为耐盐（ST）基因型。

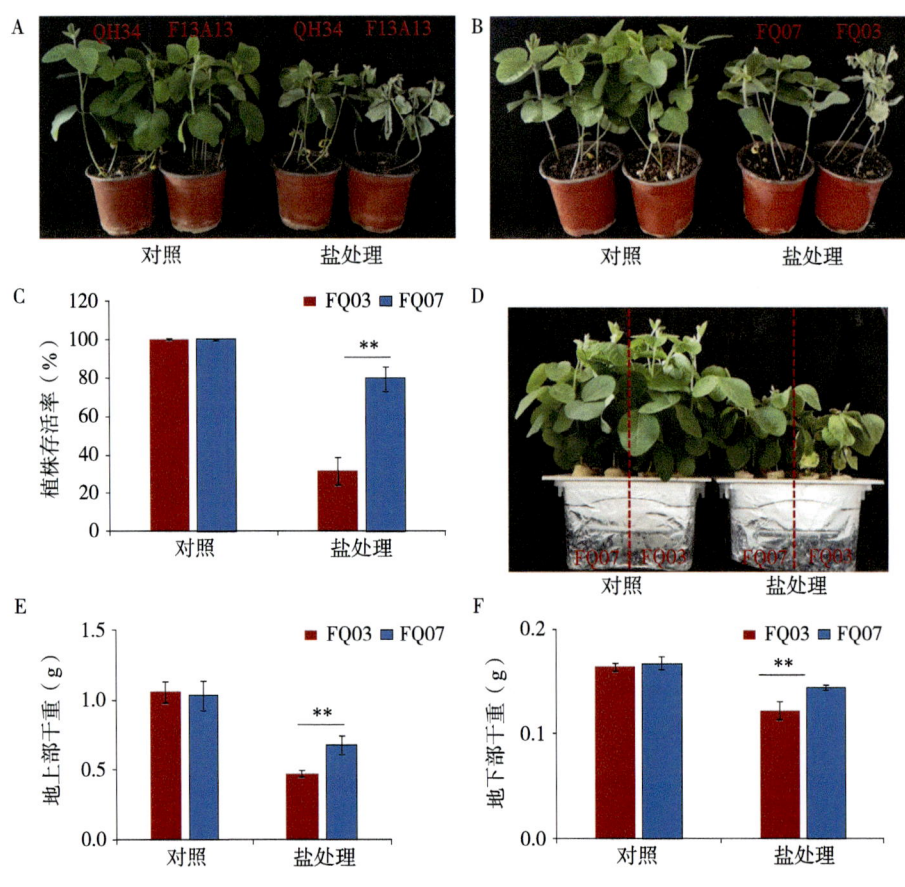

图 2-38　耐盐品系 FQ07 和盐敏感品系 FQ03 响应盐胁迫后的形态变化

为了研究盐胁迫对 FQ03（SS）和 FQ07（ST）品系的影响，测定了盐胁迫下丙二醛（MDA）、脯氨酸和总黄酮含量的水平（图 2-39）。结果表明，在对照条件下，SS 和 ST 中的 MDA 含量相似。然而，盐胁迫下 SS 中的 MDA 含量显著高于 ST（图 2-39A）。相反，在盐胁迫处理后，ST 中的脯氨酸含量显著高于 SS 中的脯氨酸含量（图 2-39B）。黄酮类化合物在植物响应盐胁迫过程中发挥重要作用，因此我们还测定了总黄酮含量。结果显示，盐处理后 SS 和 ST 中总黄酮含量显著增加，与 SS 相比，盐胁迫处理后 ST 中的总黄酮含量增加幅度更大（图 2-39C）。此外，盐处理后 ST 的地上部分和根部的 Na^+ 含量显著低于 SS，而在对照和盐胁迫处理下 ST 根部的 K^+ 含量显著高于 SS（图 2-40）。

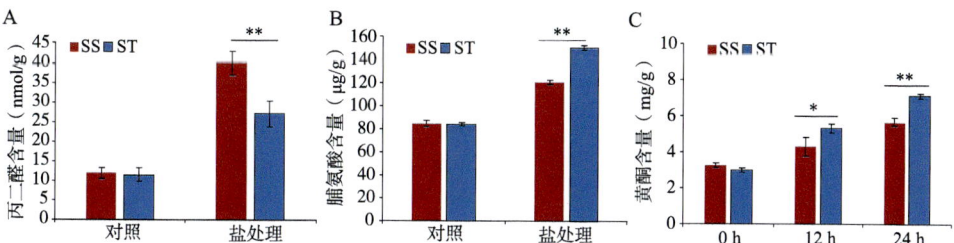

图 2-39　盐胁迫处理对耐盐品系 FQ07（ST）和盐敏感品系 FQ03（SS）根系中丙二醛、脯氨酸和黄酮含量变化的影响

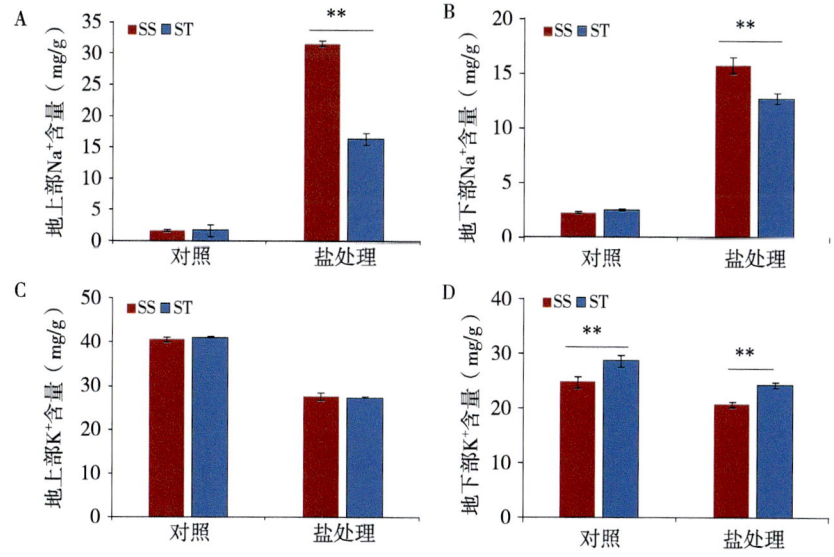

图 2-40　盐胁迫处理对耐盐品系 FQ07（ST）和盐敏感品系 FQ03（SS）地上部和地下部 Na^+ 含量和 K^+ 含量变化的影响

为了更加深入解析大豆响应盐胁迫的相关机理，对鉴定出来的两个盐敏感性相反的姊妹系 SS 和 ST 进行了代谢组和转录组测序。通过设定 VIP（Variable Importance of Projection）≥1 和 fold-change≥2 或≤0.5，在 SS 和 ST 两个大豆品系中总共鉴定出了 650 个显著差异代谢物（SCM）。通过分析发现，这些 SCM 一共分为 12 类，其中黄酮（18.66%）、氨基酸及其衍生物（17.13%）和酚酸（13.11%）在 12 类代谢物中所占比例最高。在这 650 种差异代谢物中，有 103 种代谢物是 ST 特有的，217 种代谢物在 SS 和 ST 中均存在。通过对差异代谢物进行 KEGG 途径富集分析发现，类黄酮生物合成、异黄酮生物合成以及黄酮和黄酮醇生物合成在所有 4 个比较组中均显著富集（SS_0 h vs. SS_12 h；SS_0 h vs. SS_24 h；ST_0 h vs. ST_12 h；ST_0 h vs. ST_24 h）（图 2-41）。这一结果表明与这些途径相关的差异代谢物的积累差异导致了盐胁迫处理后 SS 和 ST 之间黄酮类化合物含量的差异。

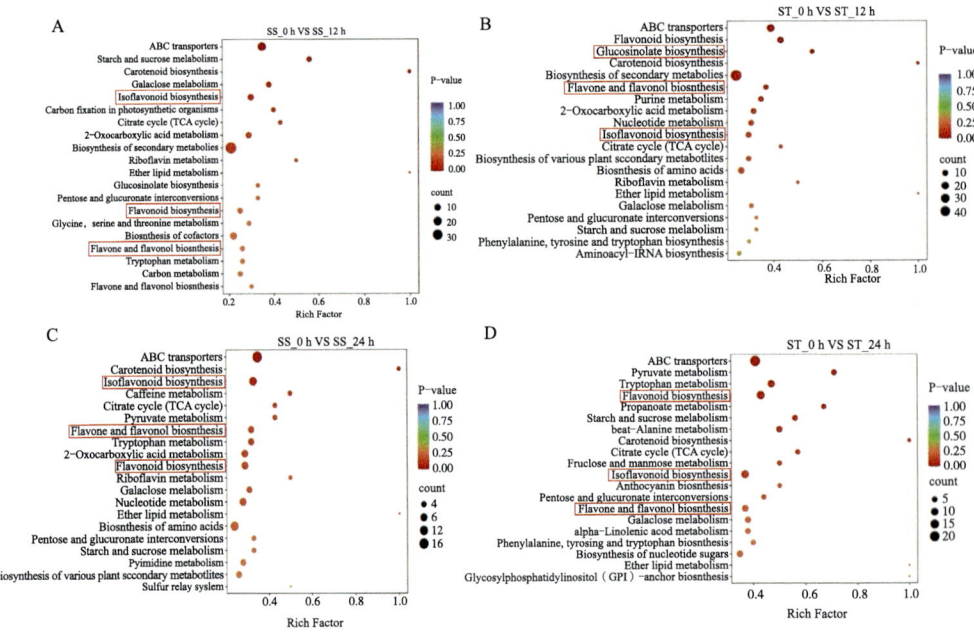

图 2-41　差异代谢物的 KEGG 富集分析

650 种 SCMs 中包含了 151 种黄酮类化合物。根据 C6-C3-C6 碳骨架的修饰，这 151 种黄酮类化合物分为九类：42 种黄酮、34 种异黄酮、34 种黄酮醇、10 种黄烷酮、9 种查尔酮、5 种花青素、4 种黄烷酮醇、2 种黄烷醇和 11 种其他黄酮类化合物。其中，黄酮、黄酮醇和异黄酮的含量为最丰富（图 2-42A）。对两个大豆品系中鉴定出的黄酮类化合物进行比较分析，发现 ST 中的黄酮含量高于 SS，特别是在盐胁迫处理 24 h 后（图 2-42B）。这一结果表明黄酮类化合物在大豆盐胁迫反应中起着重要作用。

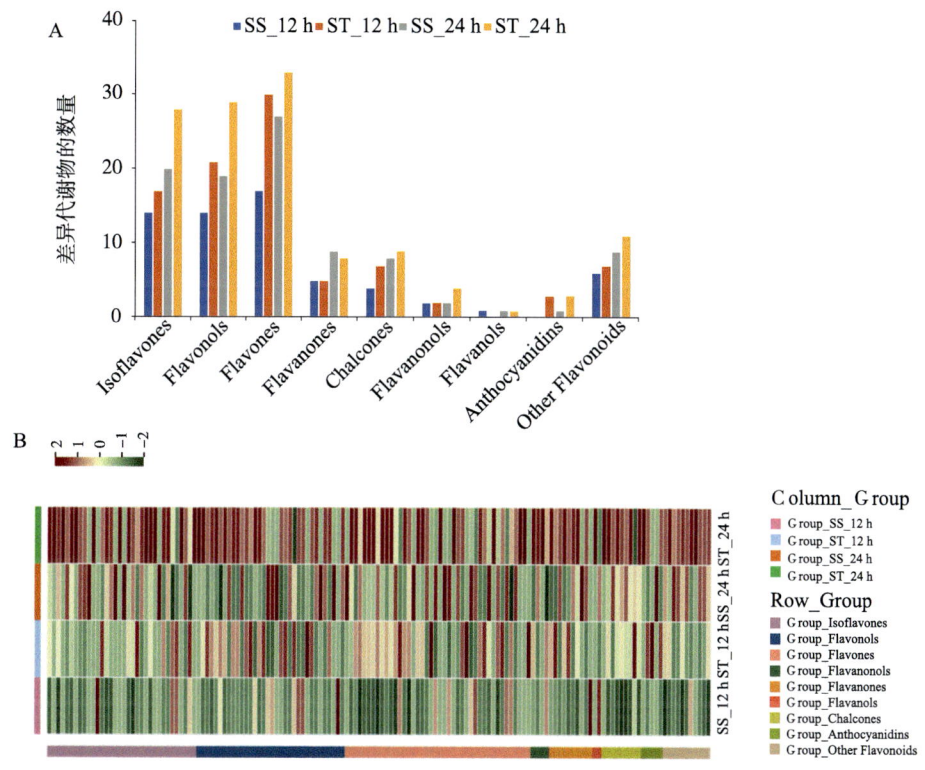

图 2-42　盐胁迫处理后耐盐品系 FQ07（ST）和盐敏感品系 FQ03（SS）中黄酮化合物变化

为了进一步解释两个品系盐敏感性差异的调控机制，同时进行了转录组测序。与对照（0 h）相比，在盐处理 2 h、6 h、12 h 和 24 h 后的 SS/ST 中分别鉴定出总共 2 912/3 118、3 861/5 058、4 919/5 815 和 4 520/5 399 个差异表达基因（DEGs）（图 2-43A、图 2-43B）。所有时间点 ST 中的 DEG 数量均高于 SS，且上调的 DEG 数量高于下调的 DEG 数量。此外，在处理 2 h、6 h、12 h 和 24 h 后，SS 和 ST 中分别鉴定出总共 1 052 个和 1 337 个共同调控的 DEGs（图 2-43C、图 2-43D）。其中，有 560 个 DEG 是 ST 特有的，777 个 DEG 在 SS 和 ST 之间重叠（图 2-43E）。KEGG 富集分析揭示了前 20 条富集的代谢途径，如气泡图中所示包括苯丙素生物合成（ko00940）、MAPK 信号通路（ko4016）、异黄酮生物合成（ko00943）、类黄酮生物合成（ko00941）以及黄酮和黄酮醇生物合成（ko00944）

被显著富集（图2-43F、图2-43G）。这一结果表明，SS和ST中类黄酮生物合成基因的转录水平受到盐胁迫的影响。

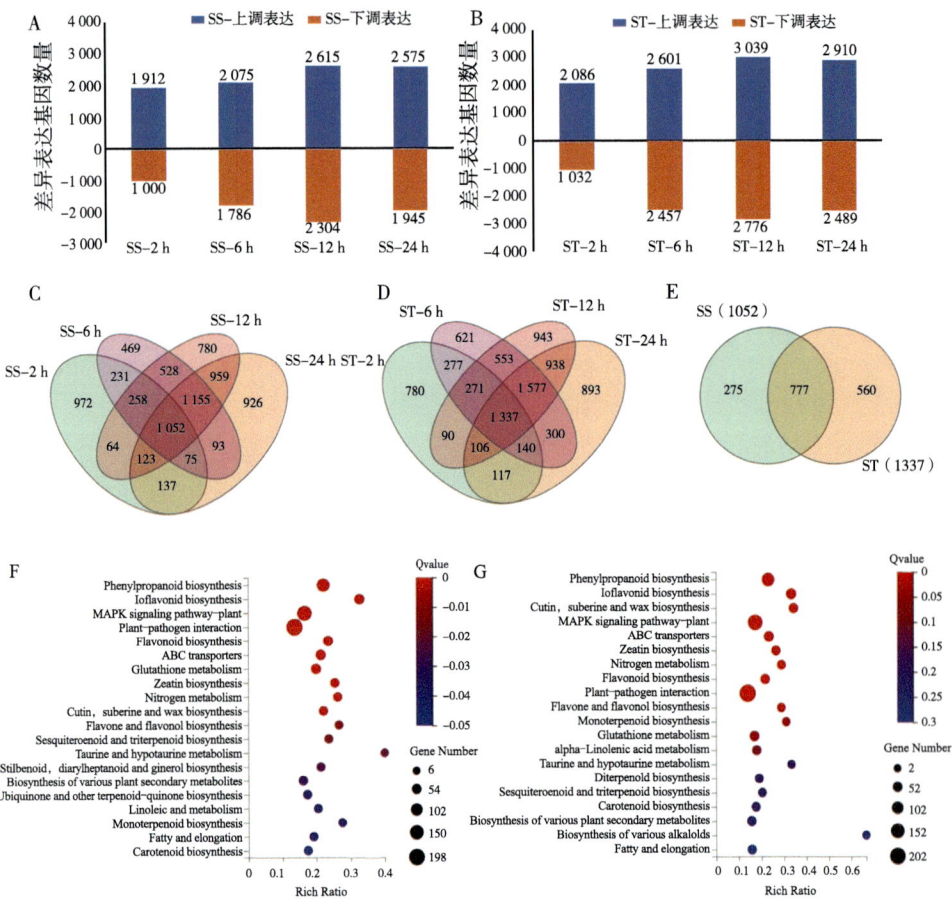

图2-43　盐胁迫处理后耐盐品系FQ07（ST）和盐敏感品系FQ03（SS）的转录组分析

通过对转录组数据和代谢组数据进行联合分析，共筛选到10 224个不同表达基因（DEGs），而代谢组中筛选到20种可注释到黄酮合成途径的代谢物。使用这10 224个DEGs和20种黄酮类代谢物生成了模块-性状关系热图（图2-44A）。这些DEGs根据表达模式被分成6个模块，每个模块用不同颜色区分（图2-44B、图2-44C）。根据"模块特征"的相关性分析，Blue模块与14种黄酮呈显著正相关，其中与4种黄酮类化合物：异甘草素、甘草素、3, 9-二羟基紫檀素、3, 4, 2′, -4′, 6′-五羟基查耳酮的相关性最高（$r>0.9$，$P<0.001$）（图2-44D）。Blue模块共包含2 599个DEGs、264个转录因子（TFs）以及28

个黄酮类合成基因。选择 Blue 模块中的 DEG 进行进一步分析。KEGG 富集分析显示，Blue 模块中的 DEG 在异黄酮类生物合成、苯丙素生物合成和类黄酮生物合成途径中显著富集。

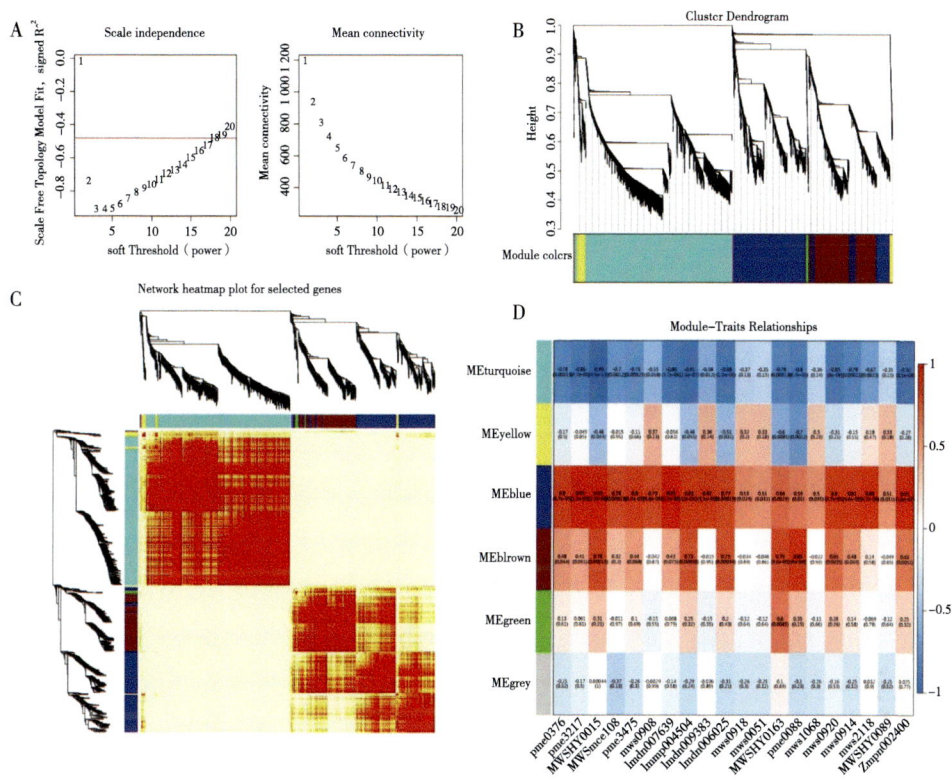

图 2-44　SS 和 ST 盐胁迫下差异代谢物（SCM）和差异表达基因（DEG）的联合分析

基因共表达网络是基于蓝色模块中基因与四类黄酮类化合物之间的强正相关性构建的（图 2-45）。该网络图的外层由 43 个转录因子（TFs）基因组成，其中包括 12 个 *MYB*、8 个 *NAC*、6 个 *bHLH*、5 个 *WRKY*、4 个 *ERF*、3 个 *HD-ZIP*、1 个 C_2H_2、1 个 *bZIP*、1 个 *HSF*、1 个 *LBD* 和 1 个 *GRAS*。在这些基因中，6 个转录因子在 ST 中的表达水平明显高于 SS，其中包括 3 个 *MYB*（Glyma.19G264200、Glyma.09G032100、Glyma.18G273300）、1 个 *bHLH*（Glyma.08G061300）、1 个 *ERF*（Glyma.20G168500）和 1 个 *NAC*（Glyma.09G235700）。此外，在共表达网络图的中间还鉴定出 8 个与黄酮生物合成相关的基因，包括 2 个 *GmCYP81E*（Glyma.09G048700 和 Glyma.15G156100）、2 个 *GmCHS*（Glyma.08G110300 和 Glyma.11G011500）、1 个 *GmFLS*

(*Glyma.18G026500*)、1个 *GmPAL*（*Glyma.10G209800*） 和2个 *Gm4CL*（*Glyma.11G194500* 和 *Glyma.17G064600*）。

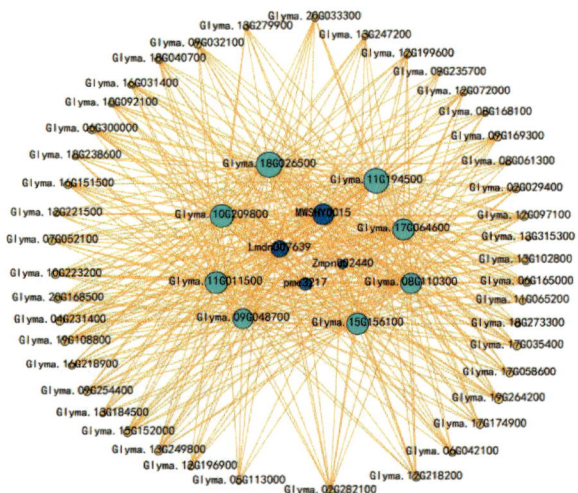

图 2-45　蓝色模块中盐胁迫下黄酮类化合物含量与黄酮类代谢相关差异表达基因（DEGs）的共表达网络分析

根据已报道的模式植物中黄酮化合物的合成途径，将在 SS 和 ST 两个品系中筛选到的差异黄酮代谢物（SCMs）和相应差异表达基因（DEGs）注释到黄酮合成途径中（图 2-46）。共筛选到 20 种黄酮类化合物和 55 个与黄酮类化合物合成相关的基因。其中，11 个基因（5 个 *GmPALs*、1 个 *GmC4H* 和 5 个 *Gm4CLs*）与黄酮类化合物合成起始途径中的苯丙氨酸相关，而 44 个基因（6 个 *GmCHSs*、2 个 *GmCHIs*、3 个 *GmANSs*、3 个 *GmFNSIs*、3 个 *GmFLSs*、5 个 *GmHCTs*、3 个 *GmIFSs*、1 个 *Gm7-IOMT*、7 个 *GmCYP81Es*、5 个 *GmHIDs*、6 个 *GmF6Hs*、4 个 *GmF3'Hs* 和 1 个 *GmFLS*）与黄酮生物合成途径相关。代谢组学分析表明，6 种异黄酮（樱黄素、2-羟基-2,3-二氢染料木素、2'-羟基染料木黄酮、大豆素Ⅲ、3,9-二羟基紫檀素和黄豆黄素）、4 种二氢黄酮（樱花素、柚皮素、紫铆素和甘草苷元）、4 种查耳酮（异甘草素、紫铆素、3,4,2',4',6'-五羟基查耳酮和根皮苷）、3 种黄酮（木犀草素、五羟黄酮和金合欢素）、两种二氢黄酮醇（短叶松素和二氢山奈酚）以及一种黄酮醇（山奈酚）在盐胁迫处理后均显著增加。这一结果表明，黄酮类化合物的积累对于大豆响应盐胁迫具有重要作用（图 2-46）。有趣的是，盐胁迫处理后，ST 中的大多数黄酮类化合物，包括山奈酚、柚皮素、紫铆素、2-羟基-2,3-二氢染料木素、樱黄素、金合欢素、樱花素和短叶松素的积累显著高于SS。此外，在盐胁迫处理12 h或24 h后，ST中4种黄酮类化合物（山奈酚、木犀草素、五羟黄酮和3, 4, 2′, 4′, 6′-五羟基查耳酮）的积累显著增加（图2-46）。

与苯丙素和黄酮生物合成途径相关的基因的表达水平如图2-46所示。在盐胁迫下，大多数与类黄酮生物合成相关的基因在SS和ST中均上调。柚皮素是类黄酮生物合成途径的核心代谢产物，可通过IFS转化为2-羟基-2, 3-二氢染料木素，通过F3H和FLS转化为山奈酚，通过HID和CYP81E转化为2′-羟基染料木黄酮，以及通过HID和7-IOMT转化为樱黄素等多种化合物。盐处理12 h和24 h后，*GmFLS*（*Glyma.18G026500*）、*GmIFS*（*Glyma.13G173500*）、*GmHIDs*（*Glyma.07G211000*和*Glyma.10G275900*）和*GmCYP81Es*（*Glyma.09G048700*、*Glyma.11G051800*、*Glyma.11G051850*、*Glyma.11G093100*和*Glyma.15G156100*）在ST中的表达水平显著高于SS。这一结果可以解释ST中山奈酚、2-羟基-2, 3-二氢染料木素、樱黄素和2′-羟基染料木黄素在盐处理后的积累高于SS。p-Coumaroyl-CoA由cinnamoyl-CoA合成，经过CHS可转化为根皮苷和异甘草素，经过HCT和CHS可转化为3, 4, 2′, 4′, 6′-五羟基查尔酮。在ST中，3个*GmCHSs*（*Glyma.01G091400*、*Glyma.08G110300*和*Glyma.11G011500*）和两个*GmHCTs*（*Glyma.07G000700*和*Glyma.08G312000*）的表达水平高于SS中的表达水平（图2-46）。这可以解释盐处理后，ST中异甘草素、3, 4, 2′, 4′, 6′-五羟基查尔酮和根皮苷的积累高于SS。

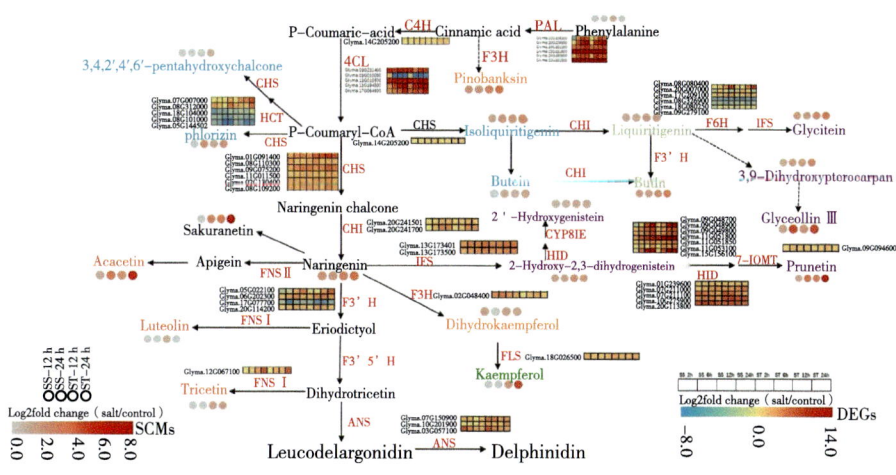

图2-46　盐胁迫下SS和ST大豆类黄酮生物合成途径

注：基因表达和类黄酮含量根据DEG和SCM的log2（fold change）显示在热图中。

第三节 齐黄34耐涝性研究进展

适宜的土壤含水量能够保障作物根系进行正常的生理活动,当土壤含水量过低或过高时,作物会因为受到水分胁迫而无法维持正常的生理状态,导致减产。在中国,洪涝是仅次于干旱的农业气象灾害。因洪涝造成的涝渍灾害会改变土壤理化性质,导致土壤养分流失,影响土壤中微生物群落数量,对作物生长不利。大豆对涝渍胁迫较为敏感,其从萌发、营养生长到产量形成阶段均易受到涝渍胁迫的威胁。因此,培育耐涝大豆品种是有效抵御涝害、保障产量的主要措施。团队研究发现,齐黄34在花期和全生育期对淹水抗性较好。同时,以齐黄34为材料,进行了系列的耐涝基因挖掘。

一、黄淮海地区主栽大豆品种耐涝性比较

选取齐黄34等黄淮海地区推广的10个大豆品种,研究其苗期、花期和全生育期的耐涝性。供试品种为中黄37、冀豆17、齐黄1号、齐黄34、齐黄35、齐黄42、菏豆19、徐豆14、郑92116和皖豆28。

研究结果显示,苗期淹水导致大豆品种底荚高度降低,但主茎节数并未减少,单株荚数和粒数与对照相比显著增加,单株产量除中黄37外其他品种均增产,多数品种达极显著增加(表2-17)。齐黄34、菏豆19、中黄37、郑92116和皖豆28等品种百粒重增加。全生育期淹水导致大豆品种单株有效荚数和粒数显著减少,单株有效荚数仅为对照的19%~61%,单株粒数仅为对照的19%~53%,百粒重显著降低,仅为对照的31%~91%,单株产量仅为对照的11%~32%。花期淹水与对照相比,参试品种的不育荚数显著增多,有效荚数、单株粒数显著减少,分别只有对照品种的26%~58%、26%~77%;百粒重变化较小,为对照的47%~99%;单株产量只有对照的12%~49%。全生育期淹水对产量的影响最大,其次是花期淹水,而苗期淹水尽管成熟晚,但多数品种的产量反而比对照高。

以供试大豆品种的各性状值为依据,采用隶属函数法对各品种的耐涝性进行综合评定(表2-17)。结果显示,苗期淹水供试大豆品种的隶属函数值在3.76~8.90,其中中黄37最小,其次是郑92116;皖豆28最大,为最抗苗期淹水,其次是齐黄35;冀豆17在开花后不久3个重复全部死亡,未列入评定,为最不抗苗期淹水品种。花期淹水供试大豆品种的隶属函数值为2.59~9.07,皖豆

28最小，其次是齐黄35；徐豆14最大，最抗花期淹水，其次是齐黄42和齐黄34。全生育期淹水各品种的隶属函数值为4.07~9.79，郑92116最小，其次是冀豆17；齐黄42最大，最抗全生育期淹水，其次是中黄37。齐黄42在苗期淹水、花期淹水和全生育期淹水中分别排名第3位、第2位、第1位，为各生育期都抗淹水品种，齐黄35和菏豆19较抗苗期淹水，徐豆14抗花期淹水，齐黄1号较抗全生育期淹水，齐黄34和中黄37较抗花期淹水和全生育期淹水。

表2-17 不同淹水处理供试品种单株产量及隶属函数值

品种	单株产量（g）				隶属函数值		
	对照	苗期淹水	花期淹水	全生育期淹水	苗期淹水	花期淹水	全生育期淹水
齐黄1号	3.03	4.66**	1.28**	0.98**	5.43	6.1	7.33
齐黄34	4.08	5.53**	2.04**	1.02**	6.69	8.31	6.95
齐黄35	4.91	6.85*	0.84**	1.22**	7.84	3.68	6.49
齐黄42	5.85	10.67**	2.35**	1.71**	7.61	8.36	9.79
菏豆19	4.45	10.54**	0.86**	0.79**	7.17	4.5	5.33
中黄37	8.91	6.93	3.01**	2.51**	3.76	7.53	8.64
徐豆14	6.46	8.77	3.18**	2.08**	6.77	9.07	6.94
冀豆17	4.48	—	1.02**	0.73**	—	6.58	4.21
郑92116	5.27	5.36	1.23**	1.02**	5.41	5.14	4.07
皖豆28	5.69	15.31**	0.70**	0.63**	8.9	2.59	4.88

二、齐黄34耐涝机理解析

（一）齐黄34淹水处理后转录组和蛋白组测序

将齐黄34种植于培养箱中（室温25℃，16 h光照/8 h黑暗），出苗后保留整齐一致的幼苗（每盆保留5株）。在两片真叶完全展开后，将盛有齐黄34幼苗的花盆转移到白色透明塑料盒内，向白色塑料盒内注水，对幼苗进行淹水没顶处理，对照组不进行淹水处理，共进行3次生物学重复。分别在没顶淹水3 h、6 h、12 h和24 h取根部组织为样本，进行根系转录组测序；同时对处理24 h的样品进行蛋白组测序。

转录组结果显示，4个处理时间点上调基因分别为6 660个、7 557个、8 327个和7 650个；下调基因分别为8 112个、9 460个、10 733个和11 239个。上调的基因大致呈现正态分布，在淹水胁迫3 h后，上调基因数量最少，在6 h

时开始增加，12 h 后数量达到最大，24 h 后数量减少；而下调基因的数目随着处理时间的增加而逐渐增加（图 2-47）。韦恩图显示，在 4 个点均差异表达的上调基因有 4 188 个，下调基因有 4 693 个（图 2-48）。

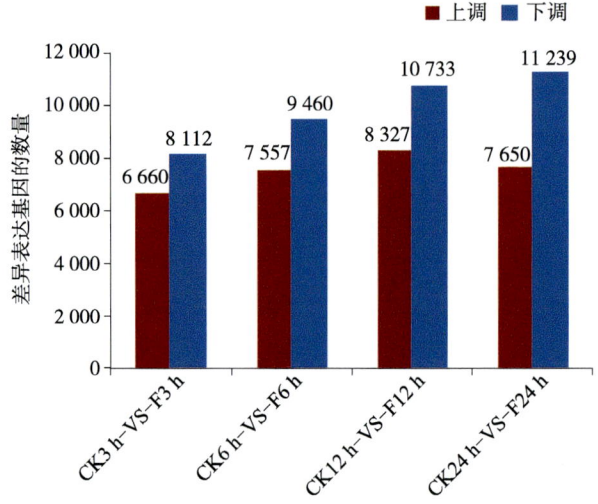

图 2-47　淹水胁迫下上调基因和下调基因数目

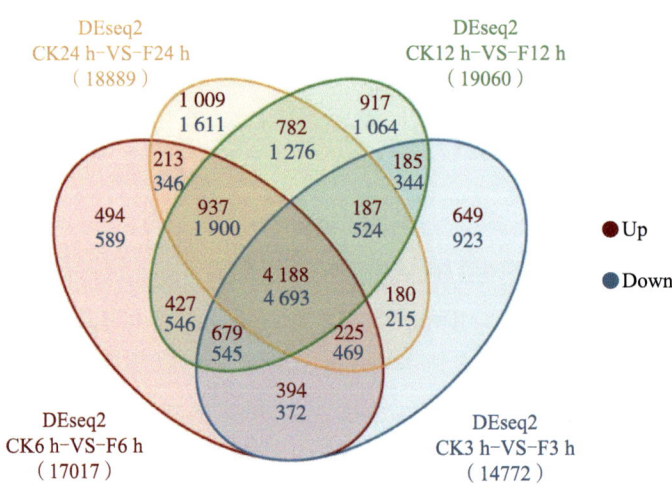

图 2-48　不同涝渍胁迫时间差异表达基因的韦恩图

上调的差异基因和差异蛋白 GO 分析表明，其主要富集在阳离子结合、金属离子结合、离子结合和碳水化合物代谢过程中；下调的差异基因和差异蛋白主要富集在氧化还原酶活性、苯丙素代谢和次生代谢等过程。KEGG 分析显示，上调的差异基因和蛋白主要富集在 5 条代谢通路，且所有参与糖酵解/糖异生、碳代谢、MAPK 信号通路、脂肪酸降解和植物-病原体相互作用的差异基因和差异蛋白同时上调。值得注意的是，编码糖酵解/糖异生途径相关的差异基因全部上调，包括果糖二磷酸醛缩酶基因、丙酮酸激酶基因、磷酸甘油酸变位酶基因和乙醇脱氢酶基因。表明淹水胁迫下，糖酵解/糖异生被激活，为植物在厌氧条件下的生存提供能量。

下调的差异基因和蛋白主要富集在 6 条代谢通路，主要包括苯丙烷类生物合成、色氨酸代谢、异黄酮类生物合成、倍半萜和黑三萜类生物合成以及次生代谢物的生物合成有关途径。8 个基因编码过氧化物酶，其在木质素生物合成的最后一步催化香豆醇转化为羟基苯基木质素。其中 3 个基因通过实时荧光定量 PCR 得到证实。这些基因表达的降低导致木质素生物合成的抑制，可能是植物在长期淹水胁迫下根茎部软化的原因。

此外，中国农业大学孙连军课题组利用蛋白组学和 QTL 联合分析对齐黄 34 的耐涝机理进行了深入解析。研究指出与大豆早期耐涝相关的代谢过程，并将核糖体蛋白 S3，β-葡萄糖苷酶 44 和脱氢蛋白（MAT1）鉴定为通过控制蛋白质稳态和细胞壁重塑调控大豆的耐涝性（Wang et al.，2024）。该研究提出了大豆耐涝的机制：丰富的核糖体蛋白 S3 能够控制 mRNA 水平，以确保蛋白质的合成，从而应对淹水缺氧所引起的能量危机。与耐涝品种齐黄 34 相比，涝敏感品种冀豆 17 中的 β-葡萄糖苷酶 44 和脱氢蛋白（MAT1）的含量显著增加。为应对涝胁迫，响应于赤霉素水平的 β-葡萄糖苷酶的含量减少，伴随葡萄糖积累的降低。这表明在涝胁迫条件下，大豆细胞壁略微松动。在涝胁迫条件下，MAT1 的有限积累可能会增加大豆对 JA 的敏感性，提高 JA 水平，从而通过增强细胞壁的木质化来保护植物在淹水期间变得柔软。

（二）淹水胁迫响应 Trihelix 家族基因的鉴定

Trihelix 家族基因是植物中最早发现的转录因子家族之一，因其保守结构域含有 3 个串联的 α 螺旋而得名。根据其保守结构域特征，Trihelix 基因家族分为 GT-1、GT-2、GTγ、SIP1、SH4 和 GTδ 6 六个亚家族。早期对该基因家族的研究主要集中在光应答反应上。随后，越来越多的研究表明，该基因家族在植物生长发育，尤其是抗逆境胁迫方面起关键作用。有研究报道，淹水胁迫会诱导玉米多个 Trihelix 基因的表达，表明该基因家族可能参与调控植物的淹水胁迫耐受性。但是，Trihelix 基因家族在大豆淹水胁迫响应中的功能研究非常少。

团队利用生物信息技术在大豆全基因组中鉴定了 71 个 Trihelix 家族基因，

并对其进化、基因家族扩张、基因结构和表达特征等进行了系统的分析。利用淹水胁迫下齐黄 34 转录组分析结果，对该基因家族在淹水胁迫和盐胁迫处理下的表达量进行了分析。鉴定了 45 个至少在一个时间点响应淹水胁迫的 Trihelix 基因（图 2-49A），这些差异基因基因中，在 4 个时间点均响应淹水胁迫的 Trihelix 基因有 15 个（图 2-49B）。进一步的 qRT-PCR 证实，包括 *GmHRA1*（Glyma19G19000）在内的 11 个 Trihliex 基因确实持续响应淹水胁迫，且 *GmHRA1* 对淹水胁迫最为敏感（图 2-49C），说明 *GmHRA1* 可能是重要的耐涝候选基因。

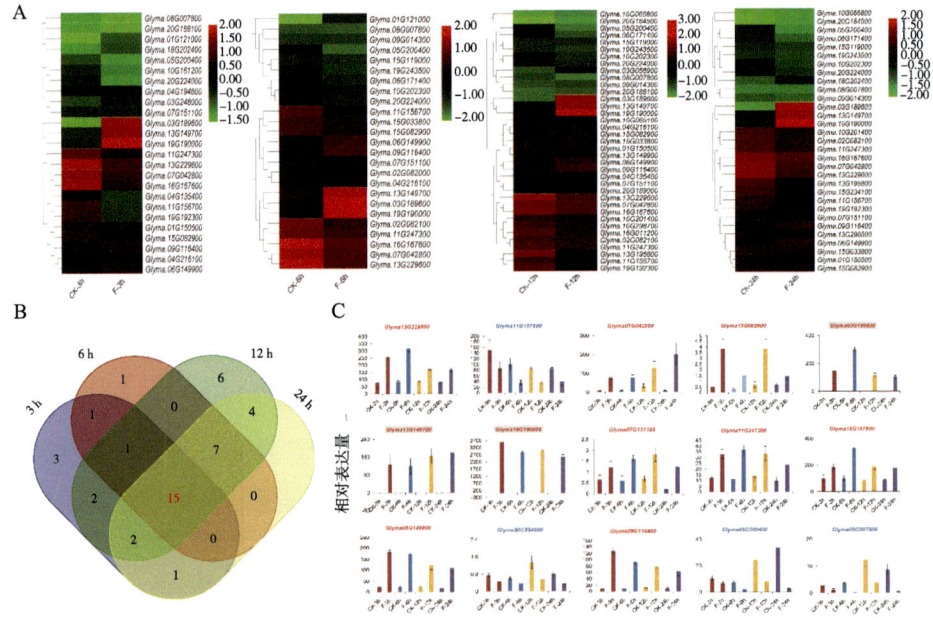

图 2-49 响应涝渍胁迫的 Trihelix 家族基因

注：A 为任一时间点响应涝渍胁迫的 Trihelix 家族基因；B 为淹水胁迫差异基因韦恩图；C 为实时荧光定量 PCR 验证 15 个持续响应淹水胁迫的 Trihelix 家族基因。

（三）淹水胁迫响应 Trihelix 家族基因 *GmHRA1* 的功能分析

在 Phytozome（https：//phytozome.jgi.doe.gov/pz/portal.html）数据库查 *GmHRA1* 的基因组信息，该基因全长为 1 970bp，只有一个外显子，没有内含子（图 2-50A）。根据 CDS 区的序列设计特异性引物，从大豆品种齐黄 34 根部克隆 GmHRA1 的 CDS 区序列（图 2-50B）。回收目的片段进行测序，发现齐黄 34 中该基因的序列与参考基因组中的序列完全相同。该基因编码的第 117~200 个氨基酸序列为典型的三螺旋结构（图 2-50C）。

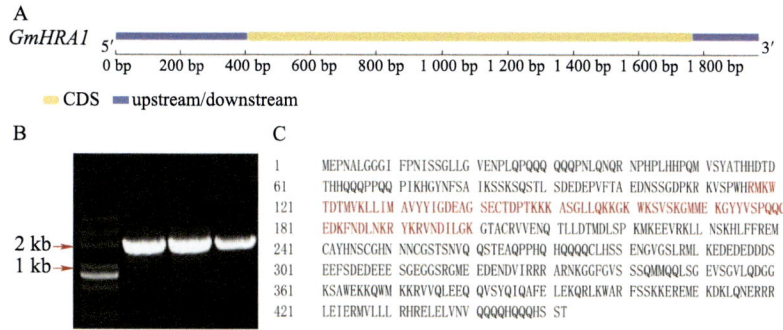

图 2-50　*GmHRA1* 的克隆和序列分析

注：A 为 *GmHRA1* 的基因结构；B 为 *GmHRA1*CDS 区 PCR 产物琼脂糖凝胶电泳图；C 为 *GmHRA1* 编码的氨基酸序列。红色氨基酸为预测的 Trihelix 家族三螺旋结构（DNA 结合结构域）。

根据 Phytozome（https：//phytozome.jgi.doe.gov/pz/portal.html）中基因组信息，克隆了齐黄 34 中 *GmHRA1* 起始密码子上游 1 500bp 的序列，命名为 GmHRA1-pro。利用 PlantCARE 在线分析软件对 GmHRA1-pro 进行顺式作用元件分析。*GmHRA1* 启动子中包括 2 个光反应元件（GT1-motif 和 Pbox），3 个激素应答元件，分别是脱落酸应答元件（ABRE）、乙烯应答元件（ERE）和水杨酸应答元件（TCA-element）。同时，GmHRA1 还包括一个低氧胁迫应答元件（ARE）（图 2-51）。

```
TAATTTTTTAAAAATAAATAAATAAAATTATTTTCCACATCATTTTAATCCGTTTTTAAAAAATACACTGTGTTTGTTATGTGAGACAGAAATTAA
CTGTCATTTGTAAGAATAGACTAAAAATAAGTTTTATGTAAAGTATAAAACTAAATTGAATGCTATAAATATTCAAATAATAAAAATAAAATTTT
     MYC
ATAAATTTGATGATATTTAGATTAAAAATATATTTTATCCTTTAAAAAATTGATAAATCGTTGAAAGTGAAAGTGGGGTAGATATACAGTAAGTA
AGCTTTTTGACTCACCATCAAAGTTCTAAATTAGTTTTTTAAGTTGCATTAGTCAGAATTTTTAATCTTTAAAACTTTAAAAGCTTTCCGTTAATTA
TATAAAATACATTTATTTCAATCTTTTTATAAAATAAGTGAAAAATAAAGGTTATATTTACCACATTTTTAATTAACAACTTTCTACACTAACAAT
                   TCA-element
ACATAAATGAATATTAAACTCTTTAAATTAATCTGTAAAATTGTATAACTTAGAGTCTAAGATATGAAATTTTAAGATTCTCGGTTAACTTTTAAT
                                                                                   GT1 motif
CTTATAAAATATTATATTATATTATAAAAGTTAATTAAATTATTATTTTCCAGTAAAAAAAAACTAATTTATTATGATAATTTGTAATTTAATGAC
ATTACAAAAAGTTTATACAATGTTAATACATATACTATTTTTCTAATTTAAAACACATTTCTATCGAAAATGAAAACAAAAATCATGAATATTTCT
ATTTTAAATAAATGGCACCTTGTGAGAAAAAGAATATAAACATAAAAAATTATGATTAACACAGTAGAATTAATTTAGTGATAAATAAGGTTGA
  ERE
AATATGATGCAGAAGAGGGAATAAGCATGTATGTGCAAAATCCAGTGTCCTGGTTGAAATGACAGTTTAAGTGGACGTGGACCAGCCCATTTGG
          TCA element                                                          ABRE          MYC
CACAAAACCTGTGGCTCATTTTTTCCAAACAAAACTATGGGCAGTTTCTGTCAGCACTAAACTAACATAACCAAACCAGCTGCTTCACCCTTTGTA
                                                                       MYB   ARE
TTACTATTTGCTATATATCTATCCTTGTCTTTCTTCCAAGTTCCCACCAATCTAACAAACATGCTTCTGCATCATCATCCTTCCTATAATACCGTCTC
TTCCCTTTTGCTTTTTCCTCTCCATCATTGACTTCTGCCAAGTCTTTCAAAAAGCTGATCTAAGGAATAATAACCTACACGAGGTCTTCGTGGAAG
    P box
AAGATACCATTGCCACTTGCCACATGCCAAGCGATCAGGTGAATGTTACTTATGATGTTAATTACTCTACGTCCATCTCACTCTTAATTTCTTAAC
ACGAGTCCTTTAGTCAATTGCTTTTTAGTTTTTACCCCTTTTGAAATTCCAATCTCATTCCAACTTTGCACAAACATTTTTCCTAGCGGTGGAAAAT
                                      P box
TGGATTTTTTTTTTTTTTTGGATATATAGAAATATTGGTGAAGTGGTCTTTATTAAGAGTTG
```

图 2-51　*GmHRA1* 启动子顺式作用元件分析

注：ERE 为乙烯应答元件；ARE 为低氧胁迫应答元件；ABRE 为脱落酸应答元件；MYC 为 MYC 转录因子结合位点；MYB 为 MYB 转录因子结合位点；TCA-element 为水杨酸应答元件；GT1 motif 为光响应元件；Pbox 为光响应元件。

为了探究 *GmHRA1* 的组织表达情况,将大豆种植于人工培养箱(12 h 光照/12 h 黑暗),选取苗期(出苗 15 d)的根、茎、茎尖、叶片以及花荚期的花和荚,提取总 RNA,反转录后进行实时荧光定量 PCR(qRT-PCR)。qRT-PCR 结果表明 *GmHRA1* 在各个部位都有表达,在茎、茎尖、叶片中的表达量最高,而在子叶中的表达量最低(图 2-52)。构建了 *GmHRA1* 启动子(*GmHRA1*pro)驱动 GUS 基因表达的载体 *GmHRA1*pro:GUS,并进行拟南芥的遗传转化。GUS 染色结果表明受 *GmHRA1* 启动子驱动的 GUS 基因在各个部位都表达,花器官的染色结果显示,GUS 基因在花托、萼片和花丝中有较强的表达,而在花瓣、花药和柱头中几乎不表达(图 2-53)。

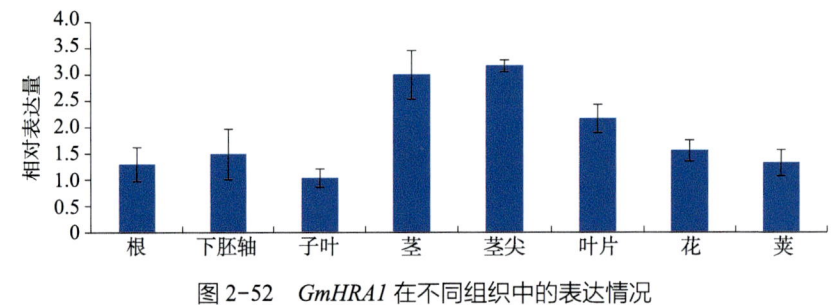

图 2-52 *GmHRA1* 在不同组织中的表达情况

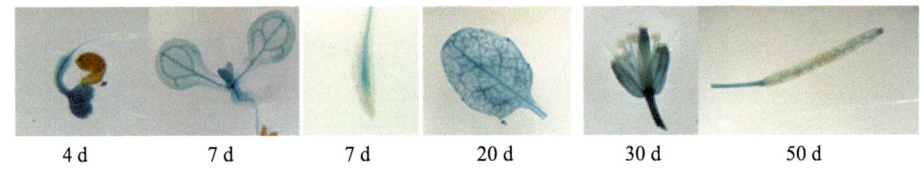

图 2-53 *GmHRA1* 启动子驱动 GUS 基因在拟南芥中的表达情况

对大豆幼苗进行淹水胁迫处理,发现 4 个时间点 *GmHRA1* 在根部的表达量均急剧上升(图 2-54A)。将 *GmHRA1*pro-GUS 转基因拟南芥和对照植株进行 6 h 的淹水处理,进行 GUS 染色,酒精脱色后显示,淹水处理后 GUS 基因表达显著升高(图 2-54B),说明 *GmHRA1* 受到淹水胁迫的诱导。

为了验证 *GmHRA1* 的功能,构建 *GmHRA1* 的过量表达载体 pCAMBIA3300s-*GmHRA1* 并进行了拟南芥的遗传转化,得到了相对表达量较高的株系 L3 和 L7。对 T3 代拟南芥进行淹水胁迫分析。淹水 6 d 后恢复正常生长,发现转基因拟南芥生长状况好于野生型拟南芥(图 2-55A),且生存率显著高于野生型拟南芥(图 2-55B)。

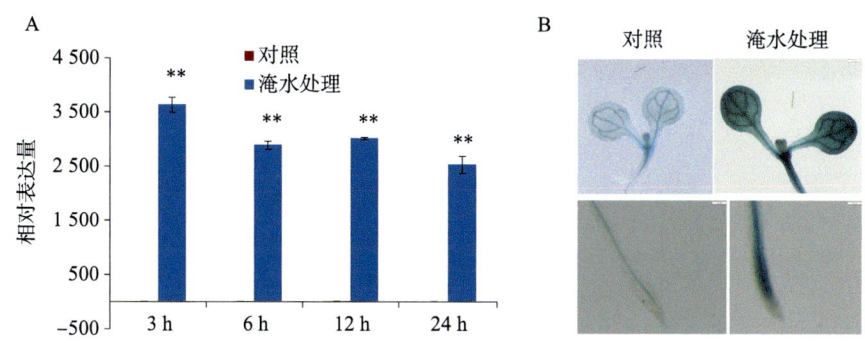

图 2-54 *GmHRA1* 在淹水处理下的相对表达量（A）和淹水处理下受 *GmHRA1* 启动子驱动的 GUS 基因的表达变化

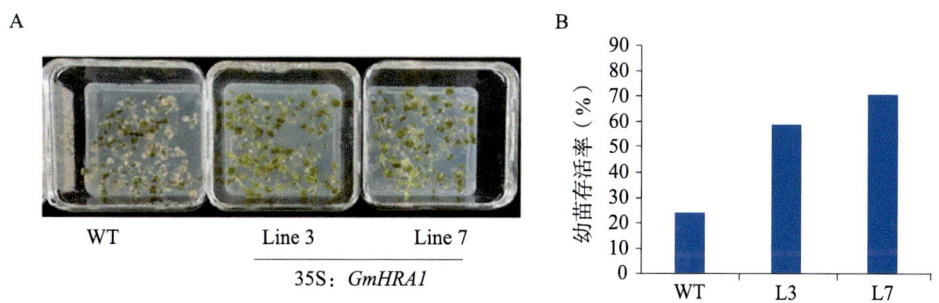

图 2-55 淹水处理下 *GmHRA1* 转基因拟南芥表型分析

注：A 为转基因拟南芥和野生型拟南芥淹水处理后表型图；B 为转基因拟南芥和野生型拟南芥淹水处理后生存率。

构建 *GmHRA1* 过量表达载体 P3300s-*GmHRA1*，并进行大豆的全株转化。得到 3 个 *GmHRA1* 转基因株系 L4、L7 和 L10。将转基因大豆和野生型大豆种植于砂土中，并于出苗 12 d 后开始进行淹水处理，水位没过子叶节。处理 17 d 后，恢复正常条件生长。研究发现，在处理前，转基因大豆和野生型大豆长势相同，叶片数量和株高无明显差异（图 2-56A，图 2-56C）。淹水处理后，转基因大豆长势好于对照（图 2-56B）。淹水处理后，野生型大豆叶片数目为 2.90 片，转基因大豆 L4 和 L10 的叶片数为 4.13 片和 3.83 片（图 2-56C）；野生型大豆株高为 9.32 cm，转基因大豆 L4 和 L10 的株高分别为 10.90 cm 和 11.80 cm（图 2-56D）；野生型大豆不定根数目为 13.92，转基因大豆 L4 和 L10 的不定根数目分别为 20.38，19.00（图 2-56E）。以上研究表明，*GmHRA1* 能够提高大豆的耐涝性。

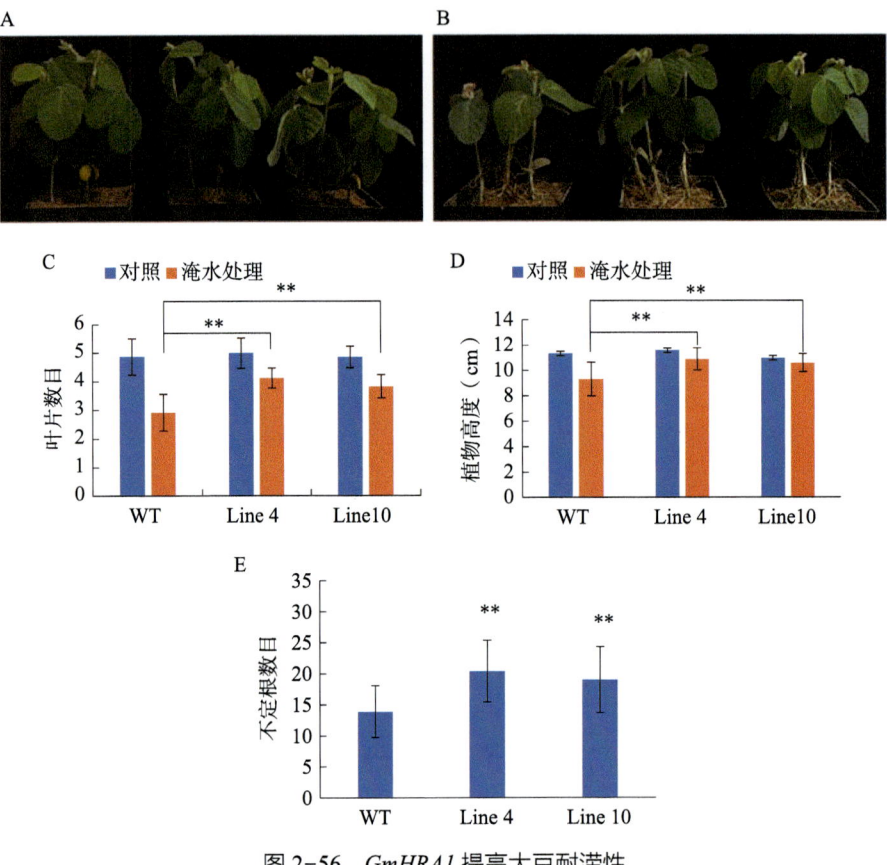

图 2-56 *GmHRA1* 提高大豆耐涝性

注：A 为转基因大豆和野生型大豆在正常条件下的生长情况；B 为转基因大豆和野生型大豆在淹水处理 17 天后的生长情况；C 为转基因大豆和野生型大豆在正常条件下和淹水处理后的叶片数统计；D 为转基因大豆和野生型大豆在正常条件下和淹水处理后的株高统计；E 为转基因大豆和野生型大豆在正常条件下和淹水处理后的不定根数目统计。

（四）淹水胁迫响应 NAC 家族基因的鉴定

NAC 转录因子是一个庞大的基因家族，目前在大豆基因组中鉴定出 180 个家族成员。它们广泛参与植物生长发育、激素应答及抗逆反应。许多研究证明 NAC 家族成员与植物的逆境胁迫有着密切关系。尤其在涝害、干旱、盐害、机械损伤等非生物胁迫中发挥着重要作用。在大豆基因组中共有 180 个 NAC 基因家族成员。目前，研究发现有很多大豆 NAC 基因的表达量受到干旱、盐和冷胁迫信号的调控，表明 NAC 转录因子在大豆非生物胁迫中具有重要作用。但是，NAC 转录因子对大豆涝渍胁迫的响应及功能尚缺乏研究。

研究利用淹水胁迫下齐黄 34 的转录组测序数据，将大豆全基因组中鉴定出的 180 个 NAC 转录因子在淹水处理下的表达量进行了分析，发现有 130 个 NAC 转录因子至少在一个处理时间呈现差异表达（图 2-57A），其中 3 h、6 h、12 h 和 24 h 分别有 73 个、80 个、95 个和 87 个差异表达 NAC 基因（图 2-57B）。

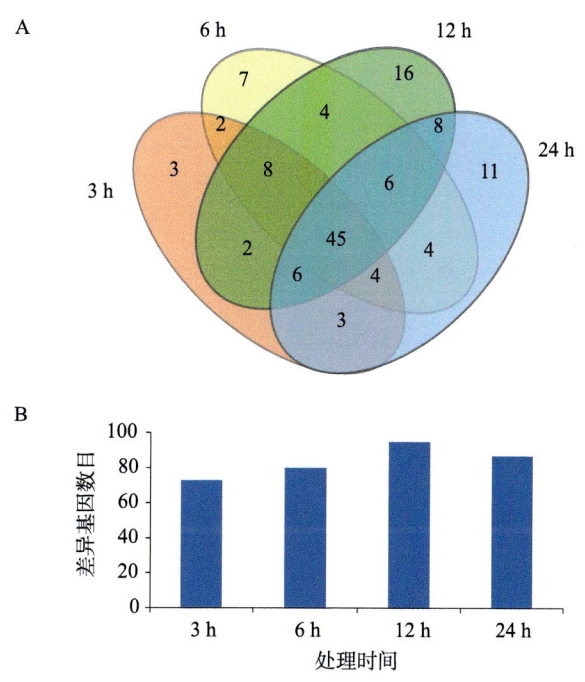

图 2-57　涝渍胁迫下差异表达的大豆 NAC 基因数目统计

注：A 为不同涝渍处理时间点差异表达的 NAC 基因的韦恩图；B 为不同涝渍处理时间差异表达的 NAC 基因的数目统计。

利用 Soybase 数据库中的 GO 富集工具对 130 个差异表达 NAC 转录因子进行 GO 分析发现，130 个差异表达基因涉及到生物学过程和分子功能（图 2-58）。生物学过程主要为转录调控（Regulation of transcription）、多细胞器官发育（Multicellular organismal development）、木质部发育（Xylem development）、叶片衰老（Leaf senescence）、油菜素内酯应答（Response to brassinosteroid stimulus）、细胞壁大分子代谢过程（Cell wall macromolecule metabolic process）、盐胁迫应答等。分子功能主要为 DNA 结合（DNA binding）。

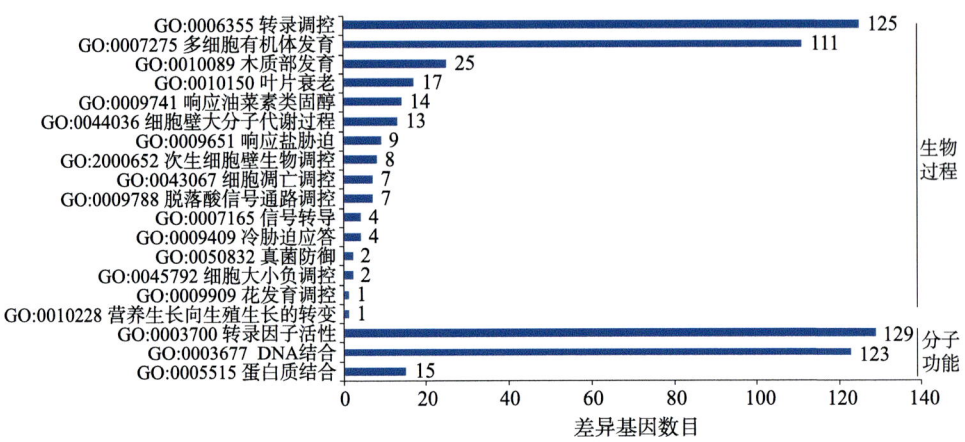

图 2-58　大豆涝渍响应 NAC 基因 GO 分析

对这 130 个差异基因在 4 个涝渍胁迫处理时间点的表达分析发现，持续差异表达（即在 4 个处理时期均差异表达）的 NAC 基因有 45 个。其中，上调表达的基因有 21 个（log2FoldChange>0），GmNAC038（Glyma.06G154400）的上调幅度最大（log2Fold Change>4.51）；下调表达的基因有 24 个。将这 45 个涝渍胁迫响应 NAC 基因在拟南芥基因组数据库中进行 BLAST，每个基因对应的相似性分值最高的拟南芥基因作为该基因的同源基因。结合 Uniprot 数据库发现，一些大豆 NAC 基因在拟南芥中的同源基因功能已经报道。其中，大部分与木质部形成或细胞壁形成相关，一些基因在拟南芥中发现能够响应盐胁迫（AT5G13180，AT2G27300）和干旱胁迫（AT3G10500），个别基因与叶片卷曲（AT3G04070）和侧根形成（AT1G56010）的调控相关（表 2-18）。为了验证转录组数据的可靠性，对淹水胁迫响应程度最大的 GmNAC038 进行 qRT-PCR。结果表明，该基因在淹水胁迫 3 h、6 h、12 h 和 24 h 后，表达量都极显著地高于对照，与转录组数据结果一致（图 2-59）。

表 2-18　45 个持续响应涝渍胁迫的大豆 NAC 基因

基因号	基因名称	拟南芥同源基因	拟南芥中的功能	表达倍数对数值（淹水胁迫/对照）			
				3 h	6 h	12 h	24 h
Glyma.06G154400	GmNAC038	AT5G64530	调控木质纤维素合成	6.51	6.28	6.58	4.51
Glyma.16G043200	GmNAC124	AT3G04070	调控涝渍引起的叶片卷曲	3.53	2.83	3.93	1.29
Glyma.04G249000	GmNAC022	AT1G01720		3.52	3.74	3.98	3.93

续表

基因号	基因名称	拟南芥同源基因	拟南芥中的功能	表达倍数对数值（淹水胁迫/对照）			
				3 h	6 h	12 h	24 h
Glyma.13G030900	*GmNAC011*	*AT1G01720*		3.07	2.96	3.57	3.38
Glyma.18G119300	*GmNAC138*	*AT1G26870*		2.9	2.62	4.05	3.3
Glyma.15G264100	*GmNAC117*	*AT1G54330*		2.65	2.33	2.07	1.27
Glyma.04G212000	*GmNAC019*	*AT5G64530*	调控木质纤维素合成	2.54	2.16	2.42	1.4
Glyma.13G279900	*GmNAC101*	*AT3G15500*		2.5	2.72	3.15	1.23
Glyma.06G114000	*GmNAC035*	*AT1G01720*		2.26	2.45	2.52	2.72
Glyma.05G195000	*GmNAC030*	*AT1G01720*		2.19	2.03	2.89	2.22
Glyma.14G152700	*GmNAC109*	*AT1G01720*		2.16	2.14	3.23	2.94
Glyma.16G051800	*GmNAC125*	*AT5G13180*		2.16	2.48	2.87	1.73
Glyma.13G314600	*GmNAC103*	*AT2G27300*	高盐胁迫下抑制种子萌发	2.1	2.68	2.45	1.69
Glyma.14G210000	*GmNAC111*	*AT1G65910*		2.1	2.78	2.58	2.06
Glyma.20G172100	*GmNAC149*	*AT1G34190*		1.41	1.39	1.64	1.54
Glyma.20G192300	*GmNAC151*	*AT3G10500*	响应干旱胁迫、高温胁迫	1.17	1.04	1.37	1.14
Glyma.10G219600	*GmNAC074*	*AT1G34190*		1.14	1.24	1.44	1.32
Glyma.08G009700	*GmNAC054*	*AT5G13180*	响应盐胁迫，促进叶片衰老	1.09	2.37	2.6	1.77
Glyma.05G202300	*GmNAC033*	*AT5G13180*	响应盐胁迫，促进叶片衰老	1.08	2.11	2.75	2.05
Glyma.05G191300	*GmNAC028*	*AT5G09330*		1.07	1.71	1.7	1.4
Glyma.08G156500	*GmNAC058*	*AT5G64060*		1.01	1.34	1.04	1.09
Glyma.05G234200	*GmNAC031*	*AT3G18400*		-6.59	-5.27	-4.25	-6.2
Glyma.17G101500	*GmNAC131*	*AT5G61430*	促进叶绿素降解	-4.29	-4.65	-5.05	-4.12
Glyma.15G254000	*GmNAC115*	*AT1G56010*	促进侧根形成	-3.75	-2.71	-3.65	-3.03
Glyma.08G173400	*GmNAC061*	*AT1G56010*	促进侧根形成	-3.69	-2.13	-2.31	-1.87
Glyma.19G259500	*GmNAC146*	*AT2G46770*	参与次生细胞壁合成	-3.51	-2.76	-5.34	-4.64
Glyma.19G259700	*GmNAC147*	*AT2G46770*	参与次生细胞壁合成	-3.34	-3.15	-4.09	-5.5
Glyma.12G226500	*GmNAC093*	*AT5G53950*		-3.29	-3.50	-2.95	-2.36
Glyma.14G140100	*GmNAC176*	*AT2G24430*		-3.19	-3.95	-2.66	-4.62

续表

基因号	基因名称	拟南芥同源基因	拟南芥中的功能	表达倍数对数值（淹水胁迫/对照）			
				3 h	6 h	12 h	24 h
Glyma.12G091200	GmNAC082	AT5G22380		-2.97	-4.43	-4.04	-3.64
Glyma.13G315300	GmNAC104	AT5G22380		-2.78	-3.15	-2.96	-5.47
Glyma.17G154100	GmNAC133	AT4G17980		-2.69	-2.18	-2.79	-3.36
Glyma.03G164200	GmNAC155	AT4G28530		-2.67	-3.32	-3.14	-2.74
Glyma.06G288500	GmNAC163	AT4G28500	调控次生细胞壁发育	-2.35	-2.19	-2.15	-3.50
Glyma.11G096600	GmNAC077	AT2G17040		-2.25	-2.90	-3.32	-2.60
Glyma.12G022700	GmNAC081	AT2G17040		-2.24	-2.65	-2.84	-2.93
Glyma.13G294000	GmNAC175	AT4G28500	调控次生细胞壁发育	-2.24	-1.98	-3.21	-3.95
Glyma.05G113000	GmNAC026	AT4G17980		-2.19	-2.03	-2.02	-2.78
Glyma.12G118700	GmNAC083	AT4G28500	调控次生细胞壁发育	-2.17	-2.09	-2.10	-3.28
Glyma.12G206900	GmNAC090	AT4G28500	调控次生细胞壁发育	-1.85	-1.91	-3.56	-5.01
Glyma.08G181100	GmNAC062	AT5G64530	调控木质纤维素合成	-1.80	-1.95	-2.64	-3.96
Glyma.04G167200	GmNAC017	AT5G61430	促进叶绿素降解	-1.63	-1.39	-3.21	-1.29
Glyma.04G119500	GmNAC016	AT1G12260	调控木质部形成	-1.60	-1.41	-5.35	-3.47
Glyma.19G021900	GmNAC140	AT5G39820	调控木质部形成	-1.53	-1.48	-4.31	-2.43
Glyma.15G051200	GmNAC112	AT5G64530	调控木质纤维素合成	-1.51	-1.47	-1.45	-2.59

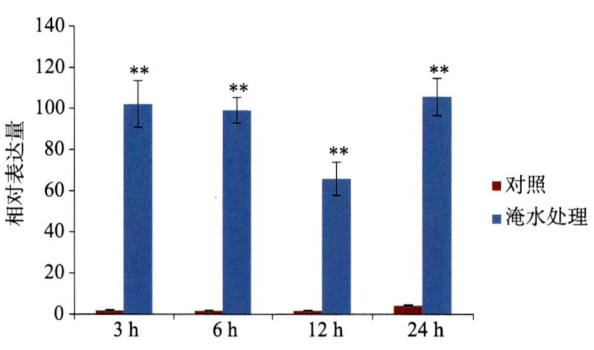

图 2-59　GmNAC038 在淹水胁迫下的相对表达量

利用 Plant Care 在线分析软件对 45 个持续响应淹水胁迫的大豆 NAC 基因启动子区域进行顺式作用元件的分析（图 2-60）。研究发现，这些基因的启动子存在若干非生物胁迫相关顺式作用元件，包括干旱响应元件（MYB、MYC、MBS）、厌氧应答元件（ARE）和低温响应元件（LTR）；同时还存在若干个激素应答元件，包括脱落酸（ABRE）、水杨酸（TCA元件）、茉莉酸甲酯（TGACG-基序、CGTCA-基序）、乙烯（ERF）、赤霉素（GARE）和生长素响应（TGA元件，AuXRR核心）元件。45个持续响应淹水胁迫的NAC基因都至少含有上述一种顺式作用元件（图2-60A）。统计发现，45个分析的NAC基因中，包含MYB、MYC、ARE和ABRE顺式作用元件的基因最多，分别为31条（占比68.89%）、29条（占比64.44%）、24条（占比53.33%）和30条（占比66.67%）。对淹水胁迫响应程度最大的基因 *Glyma.06G154400*（GmNAC038）同时含有茉莉酸甲酯应答元件（CGTCA-基序）、乙烯应答元件（ERE）、脱落酸应答元件（ABRE）和干旱应答元件（MBS）（图2-60B）。

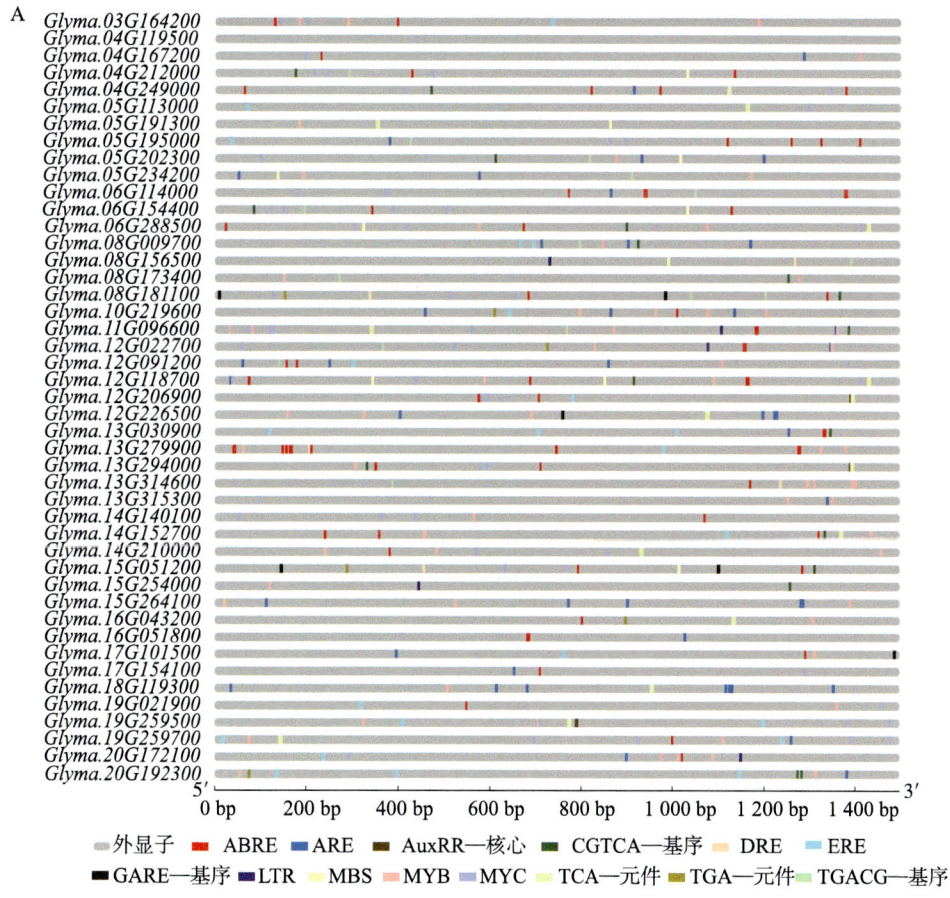

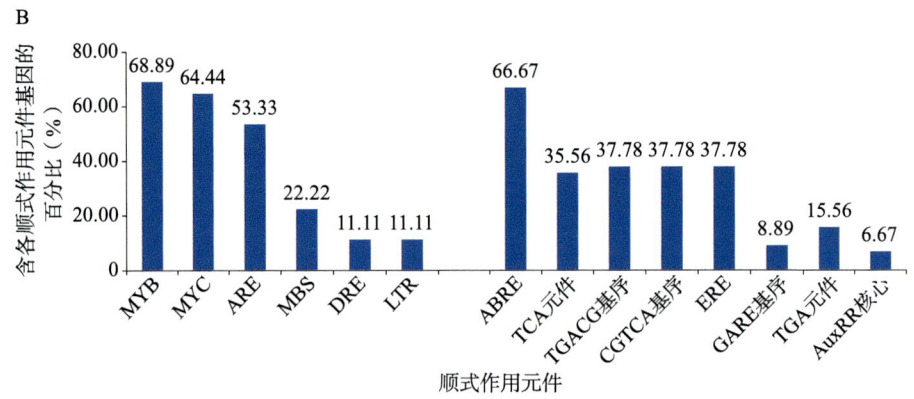

图 2-60　大豆涝渍响应 NAC 基因的启动子顺式作用元件分析

本研究着重分析淹水胁迫响应程度最大的基因 GmNAC038（Glyma.06G154400）进行分析。该基因位于第六号染色体，基因序列全长 1 428 bp，含有 3 个外显子和 2 个内含子（图 2-61A）。从齐黄 34 的根部克隆了 GmNAC038 基因的 CDS 序列，连接 pLB 载体转化 DH5α 感受态后挑取了阳性克隆进行测序。测序结果发现，齐黄 34 中 GmNAC038 的 CDS 序列与 Phytozome 数据库中的参考基因组序列（来源于大豆品种威廉姆斯）完全相同。该基因共编码 204 个氨基酸，CDD 结构域分析发现，GmNAC038 的第 9～127 个氨基酸为 NAM 结构域（图 2-61B）。

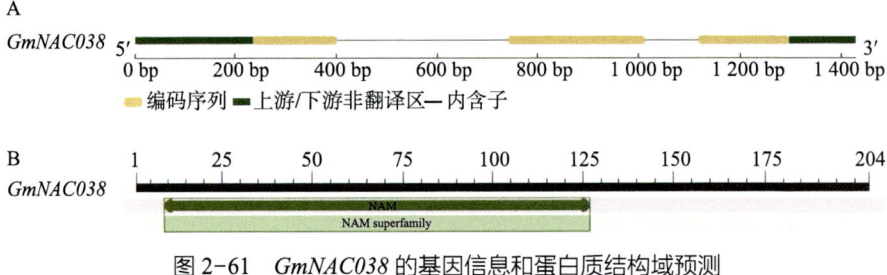

图 2-61　GmNAC038 的基因信息和蛋白质结构域预测

研究发现 GmNAC038 的启动子中含有脱落酸、茉莉酸甲酯和乙烯应答元件（图 2-60）。为了验证 GmNAC038 对 3 种激素的响应情况，本研究对齐黄 34 幼苗根部进行不同激素处理，并对 GmNAC038 的表达量进行了检测。结果如图 2-62 所示，在脱落酸（ABA）处理条件下，GmNAC038 的表达量在 3 h、6 h、12 h 和 24 h 均显著上调，在处理 6 h 后，表达量最高，随之逐渐下降；在乙烯合成前体（ACC）处理 3 h、6 h、12 h 时表达量均显著上升；茉莉酸甲酯（MeJA）处理 12 h 时，表达量显著上升。以上结果表明，GmNAC038 受到 ABA、ACC 和

MeJA 的正向调控。值得注意的是，有研究报道在涝渍胁迫下，植物根部由于缺氧会产生更多的乙烯合成前体 ACC，进而转化成更多的乙烯（Else et al., 1998; Jackson et al., 2005）。大豆中也发现，在涝渍胁迫下，内源乙烯含量会迅速上升（Tamang et al., 2014）。在本研究中，GmNAC038 受到乙烯合成前体 ACC 的正向调控，因此，GmNAC038 对涝渍胁迫的强烈响应很有可能是通过对乙烯含量信号改变的感知而实现的。GmNAC038 为拟南芥 XND1 的同源基因，该基因能够调控拟南芥管状分子的分化和木质部的形成，且与水通道蛋白的活性和拟南芥根系导水率密切相关（Tang et al., 2018）。因此，GmNAC038 可能与该基因的功能相似。在淹水胁迫下，GmNAC038 在响应涝渍胁迫而高效表达后，可能通过调控根部木质部的发育和根系导水率来应对逆境。

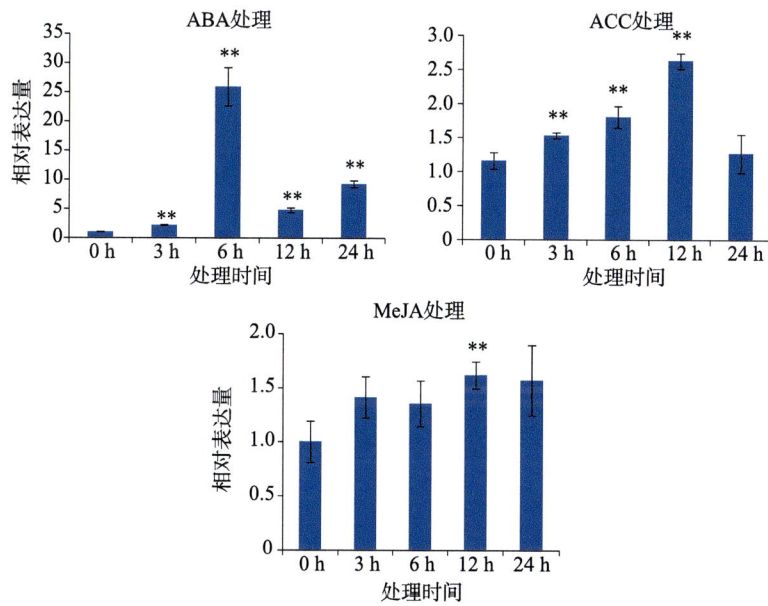

图 2-62　不同激素处理下 GmNAC038 的相对表达量

第四节　齐黄 34 耐阴性研究进展

　　大豆是一种喜光、喜温的作物，而玉米大豆间套作是一种能在时间和空间上实现集约种植、提高土地利用效率和产量的种植方法。这种方式能够立体、充分地利用空间资源，增加光能，提升土壤养分及水分的利用效率，进而提高单位面积的产出效率。在大豆与玉米间套作种植时，弱光胁迫会影响大豆的形态特征和产量。由于玉米会争夺光照、水分和养分，其生长过程中使大豆处于不利地位，严重影响大豆生长发育，导致藤蔓徒长或倒伏，并使大豆的结荚和分枝数减少，从而对大豆的产量形成产生严重影响。因此，培育和筛选耐阴性良好的大豆品种，是提高大豆产量的重要手段之一。多年试验结果表明，齐黄34耐阴，适合大豆玉米间作种植。

一、大豆种质资源耐阴性鉴定

以山东省大豆品种齐黄34及15个近3年通过山东省审定的新品种进行耐阴品种选。分别是郓豆2号、菏育88、圣育30、山大5号、嘉农2号、道秋56、祥丰4号、圣育34、祥豆168、安豆1629、菏豆45、山宁33、潍豆30、郓豆6号和华豆56（表2-19），于山东省农业科学院作物研究所网室开展大豆品种耐阴性鉴定试验。每个品种每次重复种植两行，行长3 m，行宽50 cm，株距10 cm。在大豆种植30 d后，将30%的黑色遮阴网覆盖于距离地面2 m高的铁架上进行遮阴处理，对照为自然光照。在大豆成熟期，每个重复选取5株植株进行大豆植株农艺性状的鉴定，鉴定指标见表2-20。

表2-19 参试大豆品种信息

品种	来源
齐黄34	山东省农业科学院作物研究所
郓豆2号	山东华亚农业科技有限公司
菏育88	郓城县种子公司、山东华亚农业科技有限公司
圣育30	山东圣育种业科技有限公司
山大5号	山东大学潍坊市农业科学院
嘉农2号	济宁丰育种业科技有限公司
道秋56	山东秋收种业有限公司
祥丰4号	山东祥丰种业有限责任公司
圣育34	山东圣育种业科技有限公司
祥豆168	山东省济宁市欣丰种业有限公司
安豆1629	安阳市农业科学院、济宁市圣祥种业有限公司
菏豆45	菏泽市农业科学院

续表

品种	来源
山宁 33	济宁市农业科学研究院
潍豆 30	潍坊市农业科学院
郓豆 6 号	郓城县粮源种业有限公司、山东华亚农业科技有限公司
华豆 56	山东华亚农业科技有限公司

分析显示，遮阴处理对单株粒重（T_8）、单株粒数（T_7）和单株荚数（T_6）的影响较大，变异系数分别为 42.46%、32.04% 和 28.36%。整体而言，在遮阴处理后株高、节间长、节数有所升高（平均 STC 值大于 1），而茎粗、分枝数、单株荚数、单株粒数、单株粒重、小区产量和百粒重均下降（平均 STC 值小于 1）（表 2-20）。

表 2-20 不同大豆品种各项性状指标的耐阴系数

编号	品种	株高 T_1	茎粗 T_2	节间长 T_3	节数 T_4	分枝数 T_5	单株荚数 T_6	单株粒数 T_7	单株粒重 T_8	小区重量 T_9	百粒重 T_{10}
1	齐黄 34	1.02	1.02	1.19	1.00	1.00	0.96	0.95	0.98	0.70	0.94
2	郓豆 2 号	1.06	1.09	1.01	1.04	0.51	0.98	1.01	0.90	0.68	0.91
3	菏育 88	1.14	0.87	1.05	0.97	0.88	0.56	0.59	0.52	0.64	0.89
4	圣育 30	1.08	0.93	1.10	0.88	0.96	0.46	0.47	0.49	0.62	0.92
5	山大 5 号	1.08	1.00	1.03	1.05	0.86	0.70	0.75	0.59	0.64	0.96
6	嘉农 2 号	1.21	0.89	1.19	0.95	0.85	0.49	0.44	0.35	0.64	0.95
7	道秋 56	1.13	0.90	1.15	0.95	0.36	0.57	0.50	0.34	0.68	0.97
8	祥丰 4 号	1.12	0.77	1.08	0.98	0.92	0.44	0.42	0.38	0.79	0.90
9	圣育 34	1.01	0.79	1.02	0.96	1.05	0.55	0.56	0.51	0.56	0.95
10	祥豆 168	0.95	0.83	1.13	1.03	0.72	0.67	0.69	0.39	0.58	0.94
11	安豆 1629	1.00	1.07	1.00	1.06	0.91	0.97	0.92	0.87	0.65	0.95
12	菏豆 45	1.19	1.08	1.08	1.20	0.85	0.87	0.83	0.93	0.96	0.96
13	山宁 33	0.95	1.04	1.08	1.00	0.76	0.60	0.63	0.55	0.55	0.94
14	潍豆 30	0.92	1.02	1.03	1.04	0.88	1.03	1.16	1.33	0.82	0.97
15	郓豆 6 号	1.04	1.00	1.15	1.03	0.56	0.80	0.62	0.57	0.49	0.91
16	华豆 56	1.06	0.95	1.01	1.02	0.92	0.86	0.98	0.85	0.71	0.99
	均值	1.06	0.95	1.08	1.01	0.81	0.72	0.72	0.66	0.67	0.94
	标准差	0.08	0.10	0.06	0.07	0.19	0.20	0.23	0.28	0.11	0.03
	变异系数	7.95	11.00	5.90	6.92	23.09	28.36	32.04	42.46	17.07	2.90

对10个性状指标的耐阴系数进行相关性分析，结果显示，节数（T_4）与茎粗（T_2）呈显著正相关关系，而单株荚数（T_6）与茎粗（T_2）和节数（T_4）均达到极显著正相关水平。此外，单株粒数（T_7）与单株荚数（T_6）、茎粗（T_2）呈极显著正相关，与节数（T_4）则表现为显著正相关。单株粒重（T_8）与茎粗（T_2）、单株荚数（T_6）、单株粒数（T_7）均呈极显著正相关，与节数（T_4）呈显著正相关。同时，小区重量（T_9）与节数（T_4）和单株粒重（T_8）之间也存在显著正相关关系（表2-21）。说明各个性状之间是相互关联互相影响的，并非彼此完全独立。

表2-21　不同性状指标耐阴系数相关性分析

	T_1	T_2	T_3	T_4	T_5	T_6	T_7	T_8	T_9	T_{10}
T_1	1.000									
T_2	0.166	1.000								
T_3	0.268	-0.188	1.000							
T_4	0.013	0.577*	0.271	1.000						
T_5	0.080	-0.196	0.233	-0.063	1.000					
T_6	0.399	0.760**	0.298	0.649**	0.066	1.000				
T_7	0.465	0.678**	0.444	0.574*	0.068	0.949**	1.000			
T_8	0.398	0.705**	0.396	0.543*	0.204	0.888**	0.928**	1.000		
T_9	0.333	0.224	0.160	0.541*	0.174	0.325	0.378	0.502*	1.000	
T_{10}	0.139	0.210	0.115	0.272	0.067	0.317	0.393	0.326	0.276	1.000

注：T_1至T_{10}代表成熟期的不同性状。T_1为株高；T_2为茎粗；T_3为节间长；T_4为节数；T_5为分枝数；T_6为单株荚数；T_7为单株粒数；T_8为单株粒重；T_9为小区重量；T_{10}为百粒重。

由于10个性状指标之间存在相关性（表2-21），因此需要利用主成分分析方法，将上述10个性状整合为少数几个相互独立的综合指标。对本研究中10个性状的耐阴系数进行主成分分析，结果显示，原始的10个单项指标被综合为3个主要成分（表2-22），贡献率分别为46.085%、14.975%和13.282%，累计达到74.342%，表明这3个主成分可代表大部分的原始数据信息。因此，可以利用这3个主成分进行下一步的耐阴性分析。由表2-22可知，主成分1可代表4.609个原始指标的作用，主要包括茎粗（T_2）、节数（T_4）、单株荚数（T_6）、单株粒数（T_7）和单株粒重（T_8）。该成分的贡献率最大，可反映原始数据信息量的46.085%；主成分2可代表1.497个原始指标的作用，主要包括株高（T_1）和小区重量（T_9），可反映原始数据信息量的14.975%；第三个主成分代表1.328个原始指标的作用，主要包括节间长（T_3）和分枝数（T_5），能够解释原始数据总信息量的 13.282%（表 2-22）。

表 2-22 三种主成分的特征值及贡献率

		主成分		
		F_1	F_2	F_3
特征值		4.609	1.497	1.328
贡献率		46.085	14.975	13.282
累计贡献率		46.085	61.06	74.342
特征向量	T_1	−0.332	0.842	−0.168
	T_2	0.802	−0.049	−0.343
	T_3	−0.413	0.186	−0.518
	T_4	0.754	0.340	−0.112
	T_5	−0.003	0.058	0.888
	T_6	0.946	−0.158	−0.105
	T_7	0.945	−0.189	0.105
	T_8	0.927	−0.078	0.192
	T_9	0.506	0.743	0.229
	T_{10}	0.432	0.117	0.167

注：T_1 至 T_{10} 代表成熟期的不同性状。T_1 为株高；T_2 为茎粗；T_3 为节间长；T_4 为节数；T_5 为分枝数；T_6 为单株荚数；T_7 为单株粒数；T_8 为单株粒重；T_9 为小区重量；T_{10} 为百粒重。

利用各个品种的综合指标值，通过计算不同品种 3 个综合指标的隶属函数值（表 2-23）。利用贡献率计算出 3 个综合指标的权重分别为 0.62、0.20 和 0.18。根据隶属函数值和权重计算每个大豆品种的综合耐阴评价值（D）值。16 个品种的 D 值介于 0.188~0.846。其中，菏豆 45 的 D 值最大（0.840），耐阴性最强；圣育 30 的 D 值最小（0.188），耐阴性最弱。利用平方欧氏距离对 D 值进行聚类分析，16 个品种被分为三类，其中菏豆 45 和潍豆 20 为第一类，属于强耐阴型；第二类包括安豆 1629、华豆 56、齐黄 34、郓豆 2 号和山大 5 号，属于中度耐阴型；第三类包括嘉农 2 号、道秋 56、圣育 30、郓豆 6 号、菏育 88、圣育 34、祥丰 4 号、祥豆 168、山宁 33，属于弱耐阴品种（图 2-63）。

高产优质广适大豆品种 齐黄 34

表 2-23 不同大豆品种的综合指标值、隶属函数值、D 值、综合评价值、回归预测值及拟合精度

品种	F1	F2	F3	U(F1)	U(F2)	U(F3)	D 值	排序	综合评价	回归值	拟合精度
齐黄 34	0.673	0.200	0.037	0.642	0.262	0.516	0.543	6	中度耐阴	0.509	93.74
郓豆 2 号	1.066	0.471	1.232	0.774	0.193	0.183	0.551	5	中度耐阴	0.547	99.33
菏育 88	0.860	0.238	0.414	0.126	0.375	0.642	0.269	10	弱耐阴	0.256	95.51
圣育 30	1.161	0.260	0.577	0.025	0.247	0.688	0.188	16	弱耐阴	0.171	90.72
山大 5 号	0.208	0.116	0.263	0.485	0.344	0.600	0.477	7	中度耐阴	0.462	96.79
嘉农 2 号	1.182	1.169	0.401	0.018	0.613	0.414	0.209	14	弱耐阴	0.177	84.95
道秋 56	0.739	0.614	1.749	0.167	0.471	0.038	0.205	15	弱耐阴	0.232	88.34
祥丰 4 号	1.236	1.080	0.921	0.000	0.590	0.784	0.259	11	弱耐阴	0.280	92.59
圣育 34	0.888	0.784	1.697	0.117	0.113	1.000	0.274	9	弱耐阴	0.301	90.94
祥豆 168	0.498	0.896	0.355	0.248	0.085	0.427	0.247	12	弱耐阴	0.259	95.41
安豆 1629	1.034	0.656	0.426	0.763	0.146	0.645	0.618	4	中度耐阴	0.586	94.84
菏豆 45	1.421	2.683	0.176	0.893	1.000	0.477	0.840	1	强耐阴	0.846	99.39
山宁 33	0.136	1.227	0.404	0.370	0.000	0.414	0.303	8	弱耐阴	0.337	89.83
潍豆 30	1.739	0.576	0.896	1.000	0.166	0.776	0.792	2	强耐阴	0.836	94.73
郓豆 6 号	0.213	0.898	1.886	0.344	0.084	0.000	0.230	13	弱耐阴	0.255	90.15
华豆 56	0.772	0.067	1.046	0.675	0.331	0.818	0.631	3	中度耐阴	0.607	96.20

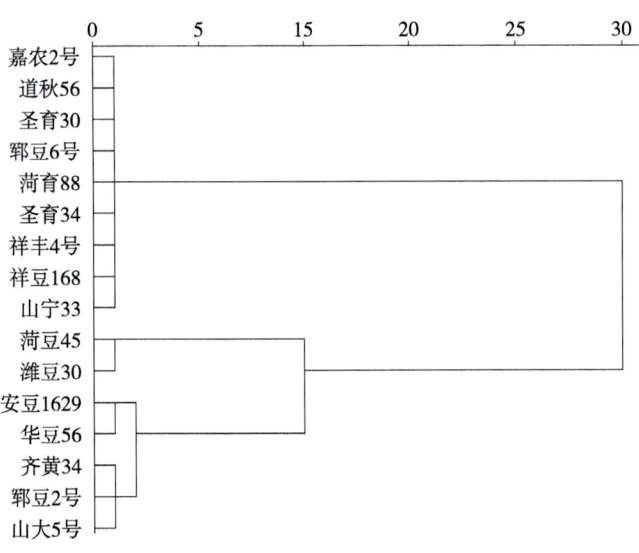

图 2-63 16 个大豆品种耐阴综合评价值的聚类分析

二、间作模式下耐阴型大豆品种筛选

实验采用田间玉米大豆间作模式，对耐阴型大豆进行筛选。以 24 个大豆品种（齐黄 34、晨豆 1 号、华研 2 号、嘉农 2 号、农圣 1 号、圣豆 122、鑫豆 1 号、道秋 56、华豆 56、齐黄 35、圣育 34、祥豆 168、安豆 1629、菏豆 45、山宁 33、潍豆 30、沂豆 16、郓豆 6 号、齐黄 39、天辰 6 号、菏育 16、菏育 88、圣育 30、嘉科 1 号）为材料，在玉米大豆行比 4∶4 模式下（带宽 4.2 m）进行适宜带状复合种植的大豆品种筛选。每个品种种植 2 个单元（玉米 + 大豆为 1 个单元），筛选时使用的玉米品种为登海 605（图 2-64 至图 2-66）。大豆调查成熟期的株高、底荚高度、分枝数、节数、有效荚数、无效荚数、粒数、百粒重、倒伏和产量。在收获前进行测产，选择密度均匀的点，2 m 行长，把 2 m 玉米或 2 m 大豆的所有行全部收获测产。每个品种收集 3 个点，计算平均产量。结果表明，将 24 个品种划分不同倒伏级别，其中华研 2 号、鑫豆 1 号和齐黄 34 三个大豆品种未出现倒伏，且单株荚数、单株粒数多，百粒重高，总体产量排名前三位（表 2-24）。由此初步筛选华研 2 号、鑫豆 1 号和齐黄 34 三个大豆品种耐阴性较强，适宜与玉米间作种植。

此外，德州市农业科学院高凤菊团队为明确鲁西北地区适宜间作的大豆 / 玉米组合品种，以 9 个不同间作大豆 / 玉米品种组合为研究对象，采用灰色关联度分析法对不同间作组合中的大豆和玉米农艺性状、产量及效益进行综合分析与评价，结果表明（大豆）齐黄 34 ×（玉米）登海 605 间作组合中大豆、玉米综合性状表现最为优良，且综合产量较高，综合经济效益较好，适宜在鲁西北间作大豆 / 玉米种植模式中大面积推广种植（曹鹏鹏等，2020）。四川农业大学农学院杨文钰团队为解决大豆—玉米带状间作模式下大豆旺长的问题，以齐黄 34 为材料，筛选了可调控大豆良好株型的烯效唑、胺鲜酯复配剂。研究结果表明，在大豆密度为 13.0×10^4 株 /hm² 下，喷施浓度比例为 40∶30 的烯效唑和胺鲜酯复配剂能够更好地降低大豆倒伏率、增加分枝数、改善光合特性、促进干物质积累分配、提高作物产量（朱文雪等，2024）。此外，该团队利用齐黄 34 研究了密度和施钾肥对带状间作大豆籽粒灌浆及产量形成的影响，研究结果表明，17.10 万株 /hm² 密度下，底肥施 K_2O 53.2 kg/hm² + 叶面喷施磷酸二氢钾 1.5 kg/hm² 的产量最高，为 2 075.5 kg/hm²，该处理下可有效增加大豆有效株数、提高大豆群体产量，实现大豆—玉米带状间作系统的高产高效（杨敏等，2024）。

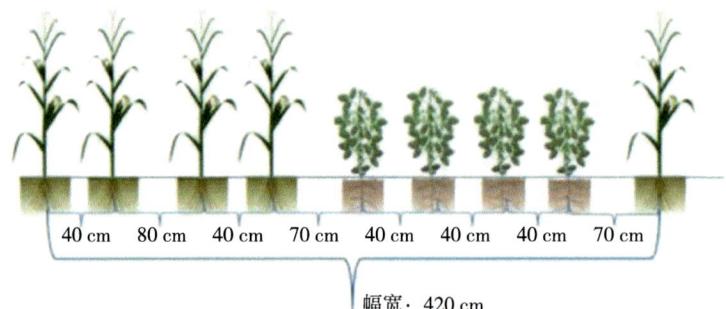

图 2-64　大豆玉米带状复合种植模式

图 2-65　大豆玉米带状复合种植大豆苗期生长情况

图 2-66　大豆玉米带状复合种植大豆成熟期生长情况

表 2-24　2024 年不同耐阴型大豆品种农艺性状

品种名称	株高（cm）	分枝数（个）	节数（个）	有效荚数（个）	无效荚数（个）	粒数（个）	百粒重（g）	产量（kg）	倒伏（级）
华研 2 号	85.50	0.10	14.90	19.40	2.60	42.30	25.54	61.19	0
嘉农 2 号	85.00	0.10	13.40	16.10	1.80	33.50	24.73	53.20	0
圣豆 122	77.50	0.10	11.70	15.40	1.20	27.70	19.90	48.84	0
道秋 56	90.00	0.50	14.00	25.10	1.20	54.90	16.71	40.71	0
晨豆 1 号	79.00	1.10	13.60	21.90	2.50	32.40	23.09	48.20	0
华豆 56	85.00	0.00	13.40	20.50	1.10	45.20	21.61	52.17	0
鑫豆 1 号	75.00	0.40	14.30	24.30	1.10	52.60	22.51	58.44	0
沂豆 16	65.00	0.40	14.10	31.30	1.10	66.10	18.60	48.57	0
维豆 30	64.00	0.40	13.20	20.40	0.50	45.30	28.11	45.77	0
圣育 34	70.50	0.30	14.50	19.30	0.60	46.90	21.29	54.18	0
安豆 1629	55.50	1.10	15.20	31.70	4.80	62.70	18.60	43.99	2
祥豆 168	83.50	0.00	14.60	28.00	2.20	49.70	24.08	49.07	0
山宁 33	67.50	0.10	13.80	14.70	1.00	31.00	24.95	38.02	1
菏豆 45	86.00	0.60	15.80	27.30	1.00	59.90	20.38	45.71	2
齐黄 35	75.50	0.50	13.40	29.90	2.30	64.10	16.71	55.03	0
农圣 1 号	75.50	0.22	15.56	18.89	1.33	42.56	21.85	50.69	0
齐黄 34	75.00	0.20	14.70	21.10	1.90	49.00	25.26	55.82	0
菏育 88	61.00	1.10	14.30	33.40	0.50	69.10	18.33	34.68	0
郓豆 6 号	80.00	0.00	13.80	11.30	0.70	24.80	23.01	36.48	0
祥丰 4 号	51.00	0.20	13.00	20.70	1.30	37.60	21.56	43.47	0
天辰 6 号	120.00	0.20	16.50	26.00	0.10	66.10	21.51	50.48	0
嘉科 1 号	62.50	0.67	14.56	25.56	0.67	61.56	22.90	50.61	0
菏育 16	48.00	1.20	13.70	31.80	1.70	52.80	20.39	36.90	0
齐黄 39	72.00	0.00	16.20	26.70	1.20	62.10	15.41	44.42	0
圣育 30	60.00	1.40	13.90	28.00	1.10	59.90	16.46	49.63	0

第五节 齐黄 34 耐旱性研究进展

在全球气候变化加剧的背景下，干旱已成为影响农业生产的主要非生物胁迫之一，其造成的经济损失也逐渐增加，限制了全球经济的可持续发展。随着干旱地区的扩大与干旱程度的加重，干旱化趋势已经成为全球关注的问题。干旱胁迫是影响植株生长发育和作物产量的主要非生物胁迫之一，其造成的损失高于盐胁迫和洪涝。大豆是我国重要的粮食和经济作物，其蒸腾系数高，需水量大，平均每消耗 600～800 g 的水才能形成 1 g 大豆干物质。而我国是世界上缺乏淡水资源最严重的 13 个国家之一，人口密度大，人均水资源的占有量却相对较少，是一个长期经受干旱灾害影响的国家。因此在我国大豆生长发育过程中，保证适宜的水分是决定其能否稳产高产的重要因素之一。

在中国大豆产区，大豆生长期间均会遭遇不同程度的干旱，尤其是在北方旱作区，因干旱产生的水分胁迫效应对大豆产量的降低作用大于其他自然灾害的总和。严重干旱条件下，大豆的减产幅度可达 71% 以上，一般干旱年份大豆减产也在 30%～60%，较湿润年份减产 0～20%。干旱胁迫能使大豆叶片的气孔导度和净光合速率下降，同时抑制大豆叶片生长，造成叶面积减小、叶绿素含量下降。因此培育和筛选抗干旱的大豆品种，对于我国大豆的稳产增产意义重大。

黄淮海是我国的大豆主产区，在我国大豆生产中占有重要地位。因此，本团队早期选取了齐黄 34 等黄淮海地区推广的 8 个大豆品种，对其在苗期、花期和全生育期的抗旱性进行了研究。同时，以齐黄 34 为材料，对干旱胁迫响应基因 *GmGRAS27* 进行了克隆和表达分析。

一、黄淮海地区主栽大豆品种抗旱性比较

选取黄淮海地区主栽品种中黄 37、冀豆 17、齐黄 34、齐黄 35、齐黄 42、徐豆 14、郑 92116、皖豆 28 共 10 份进行抗旱性比较。供试大豆种植于塑料花盆（直径 30 cm、高 35 cm）。试验土为壤土。设 4 个处理：对照、苗期干旱、花期干旱和全生育期干旱。其中，对照正常浇水；苗期干旱于 V3 期进行；花期干旱于所有品种开花后进行；全生育期干旱于 V3 期开始处理直至植株成熟（R8）。干旱处理植株中度萎蔫时浇水 400 mL/ 盆。苗期和花期干旱各处理 20 d。每处理

重复 3 次，每重复 1 盆，每盆 3 株。

用便携式 SPAD-502 叶绿素仪测定对照和干旱处理植株顶部第三片完全展开叶的叶绿素含量。植株成熟（R8）后收获，每个处理每个重复各取 3 株，共 9 株进行考种，测其株高、底荚高、主茎节数、单株有效荚数、无效荚数、单株粒数、百粒重、单株粒重。用根系扫描仪（WinRHIZO）对根系进行扫描。用近红外谷物分析仪（BOEN-SUP-2700）测定各处理籽粒蛋白质和脂肪含量。运用抗旱系数法对品种抗旱性进行评价。

根据苗期、花期和全生育期干旱处理结果，在参试 8 个品种中，徐豆 14 三个时期抗旱性较好，为综合抗旱性较好品种；冀豆 17 在苗期和花期干旱处理中表现较好，齐黄 34 在全生育期干旱处理中表现较好（表 2-25）。冀豆 17 根系发达，根毛较多，这可能是品种较抗旱的原因，而徐豆 14 和齐黄 34 抗旱可能是因为株高较矮，抗旱确切原因需要进一步研究。

二、大豆干旱胁迫响应 GRAS 基因筛选及 *GmGRAS27* 的克隆和分析

GRAS 基因家族是植物所特有。其命名来源于该家族最先发现的 3 个成员基因：*GAI*（*Gibberellic acid insensitive*）、*RGA*（*Repressor of GA1-3 mutant*）和 *SCR*（*Scarecrow*）。该家族基因参与植物的多种生长发育过程，近年来，许多 *GRAS* 基因被证明参与植物的干旱胁迫响应。大豆中有 117 个 *GRAS* 基因，但相比于其它作物，已经克隆且进行功能分析的大豆 *GRAS* 基因很少。

为了挖掘在大豆开花前后均响应干旱胁迫的 *GRAS* 基因，本研究利用通过分析 GEO（Gene expression Omnibus）数据库中营养生长时期（V6 期）和盛花期（R2 期）受到干旱胁迫的大豆芯片数据，将大豆全基因组中鉴定出的 117 个 NAC 转录因子在干旱处理下的表达量进行了分析，发现有 10 个基因响应干旱胁迫。*GmGRAS11*，*GmGRAS18*，*GmGRAS27*，*GmGRAS51*，*GmGRAS59*，*GmGRAS64*，*GmGRAS69*，*GmGRAS86* 和 *GmGRAS116* 在 V6 期响应干旱胁迫，*GmGRAS16* 和 *GmGRAS27* 在 R2 期响应干旱胁迫。其中，*GmGRAS27* 的响应程度最大，且在 V6 和 R2 期均响应干旱胁迫（表 2-26）。

表 2-25 品种各性状不同干旱处理抗旱系数

品种	苗期干旱抗旱系数							花期干旱抗旱系数							全期干旱抗旱系数						
	荚数	粒数	茎粗	百粒重	根系总长	表面积	体积	荚数	粒数	百粒重	根系总长	表面积	体积	粒数	茎粗	百粒重	根系总长	表面积	体积		
冀豆 17	0.84	0.91	0.86	1.09	1.00	1.01	1.02	1.09	1.14	1.13	1.00	1.01	1.02	0.37	0.33	0.60	1.01	0.57	0.51	0.45
齐黄 34	0.83	0.82	0.81	1.10	0.72	0.66	0.61	0.90	0.90	1.08	0.87	0.85	0.82	0.58	0.47	0.72	1.06	0.44	0.46	0.49
齐黄 42	0.94	0.89	0.89	1.00	1.01	0.73	0.80	0.89	0.83	0.98	0.86	0.73	0.94	0.60	0.52	0.74	0.94	1.15	0.69	0.62
中黄 37	0.98	0.95	0.94	0.98	0.58	0.66	0.76	1.02	0.97	1.02	0.79	0.81	0.83	0.64	0.57	0.78	0.89	0.34	0.42	0.54
齐黄 35	0.91	0.93	0.82	1.01	0.60	0.61	0.62	1.06	1.07	1.08	0.79	0.68	0.58	0.56	0.56	0.70	0.86	0.44	0.43	0.46
徐豆 14	0.94	1.01	0.96	1.10	0.97	1.08	1.21	1.03	1.06	1.02	0.82	1.01	1.27	0.55	0.53	0.73	0.96	0.51	0.63	0.77
郑 92116	0.90	0.87	0.92	0.88	0.81	1.01	0.89	0.93	0.93	0.97	0.74	0.88	0.72	0.54	0.51	0.75	0.81	0.35	0.43	0.55
皖豆 28	0.88	0.98	0.91	0.97	0.41	0.44	0.47	0.84	0.98	1.10	0.70	0.68	0.64	0.48	0.41	0.74	0.89	0.36	0.31	0.27

表 2-26 响应干旱胁迫的大豆 GRAS 基因

基因号	基因名称	时期	差异表达倍数对数值	P 值
Glyma.03G031800	GmGRAS11	V6	-1.55	7.60E-03
Glyma.04G251900	GmGRAS18	V6	-1.99	1.31E-04
Glyma.06G265500	GmGRAS27	V6	3.47	9.60E-07
Glyma.11G096000	GmGRAS51	V6	2.29	3.57E-05
Glyma.11G138600	GmGRAS59	V6	-2.47	1.78E-05
Glyma.12G018100	GmGRAS64	V6	-2.96	2.47E-06
Glyma.12G062100	GmGRAS69	V6	-2.06	1.39E-04
Glyma.14G016000	GmGRAS86	V6	1.95	2.04E-04
Glyma.20G200500	GmGRAS116	V6	2.65	2.28E-04
Glyma.04G150500	GmGRAS16	R2	-1.54	2.86E-04
Glyma.06G265500	GmGRAS27	R2	3.68	6.84E-06

对 10 个干旱胁迫响应 GRAS 基因进行启动子分析，这些基因启动子区含有包括脱落酸应答元件（ABRE）、干旱应答元件（DRE）、参与干旱诱导的 MYB 结合位点（MBS）、MYB 结合元件（MYB）和 MYC 结合元件（MYC）在内的非生物胁迫应答相关元件。其中，9 个基因中含有 MYB 结合元件，8 个基因中含有 ABRE；1 个基因含有 DRE；2 个基因含有 MBS；8 个基因含有 MYC 结合元件。GmGRAS27（Glyma.06G265500）基因的启动子同时含有 ABRE 应答元件和 MYB/MYC 结合元件（图 2-67）。

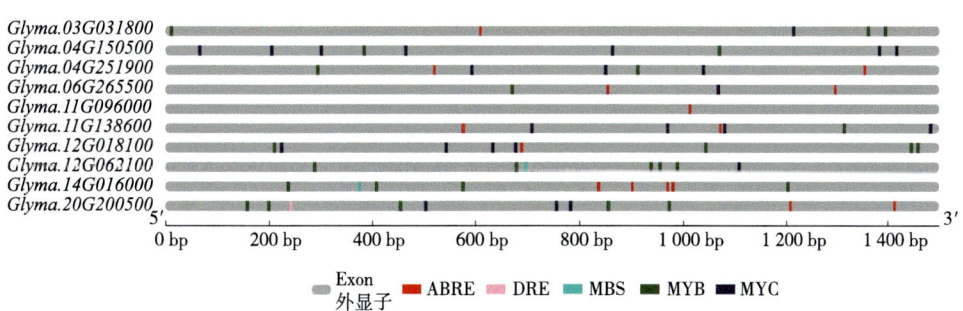

图 2-67 响应干旱胁迫的大豆 GRAS 基因启动子顺式作用元件示意图

注：ABRE 为脱落酸应答元件；DRE 为干旱应答元件；MBS 为参与干旱诱导的 MYB 结合位点；MYB 为 MYB 结合元件；MYC 为 MYC 结合元件。

对响应程度最大且在 V6 和 R2 期同时响应干旱的 GmGRAS27 基因在齐黄 34 中进行了克隆。测序显示，齐黄 34 中该基因 CDS 序列与 Phytozome 数据库中

Willimas 82 的序列完全相同。结构域分析显示，该基因的编码蛋白 198～567 之间的氨基酸为 GRAS 结构域（图 2-68）。

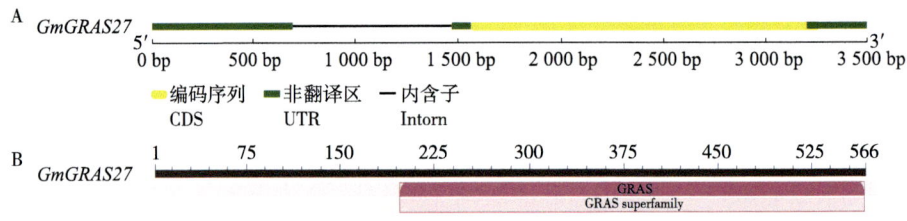

图 2-68 *GmGRAS27* 的基因结构图（A）和蛋白质保守结构域预测（B）

GmGRAS27 与密花豆、木豆、赤豆、菜豆等豆科植物中的 GRAS 基因编码蛋白具有很高的相似性，其中与密花豆中的 TKY66693.1 的相似性相似度达到 92.09%。且其氨基酸序列在羧基端保守性较高，而在氨基端保守性较低，符合 GRAS 转录因子的特征（图 2-69）。

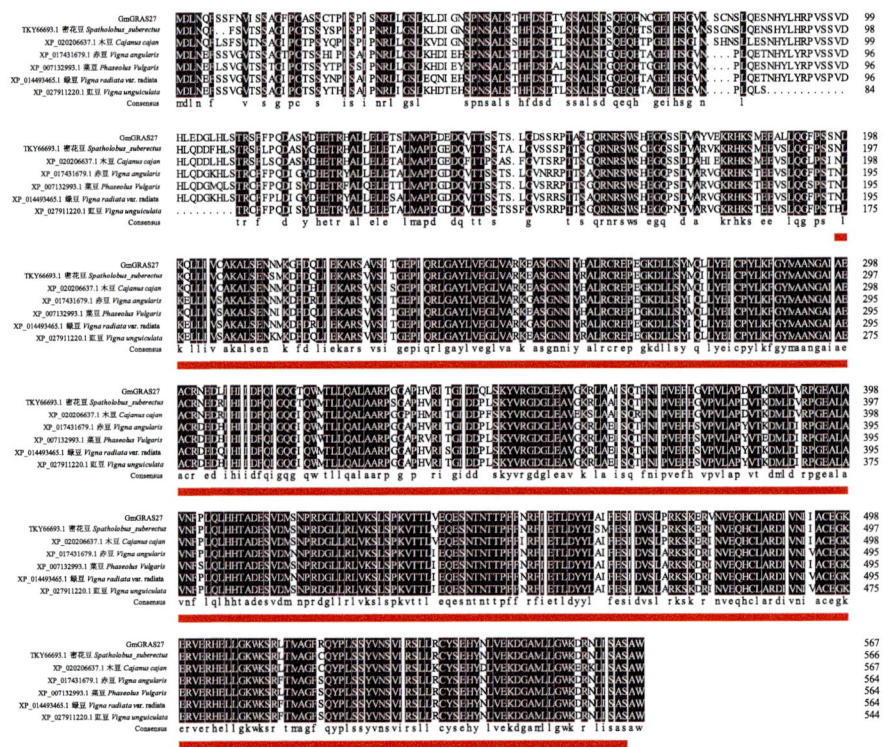

图 2-69 GmGRAS27 与其他豆科作物中 GRAS 蛋白的多序列比对

注：红色条形框代表 GRAS 结构域。

对 GmGRAS27 进行二级结构和三级结构的分析和预测。GmGRAS27 蛋白的二级结构以 α- 螺旋和无规则卷曲为主，占比分别为 42.61% 和 43.84%，同时存在延伸链和 β 转角，占比分别为 9.51% 和 4.05%（图 2-70A）。利用 Swiss Model 对 GmGRAS27 进行三维结构预测。GmGRAS27 与 6kpb.1.A 的相似性最高，达到 36.04%。因此以此作为模板进行同源建模。由图可见，GmGRAS27 的蛋白质三维结构以 α- 螺旋和无规则卷曲为主（图 2-70B）。

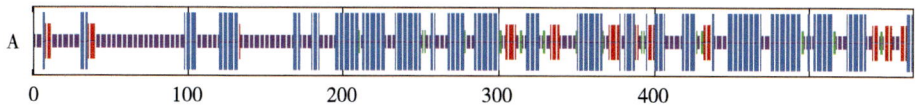

图 2-70 GmGRAS27 的二级结构（A）和三级结构预测（B）

注：蓝色为 α- 螺旋；紫色为无规则卷曲；红色为延伸链；绿色为 β- 转角。

为了检测该基因在大豆品种齐黄 34 中的表达，将齐黄 34 种植于人工气候箱中，待真叶完全展开后，选取整齐一致的幼苗转移至 Hogland 营养液中继续生长 2 d。第 3 天换新的营养液，并分别加入 20%（W/V）的 PEG6000、100 μmol/L ABA 和 200 mmol/L NaCl。处理 3 h、6 h、12 h 和 24 h 时取根部组织样本进行实时荧光定量 PCR。

qRT-PCR 结果显示，在 PEG 处理下，*GmGRAS27* 在 3 h、6 h、12 h 和 24 h 的表达量均显著高于对照。同时，ABA 处理 6 h、12 h 和 24 h 时，*GmGRAS27* 的表达量显著上调。在 NaCl 处理的 3 h、6 h、12 h 和 24 h，*GmGRAS27* 的表达量均显著高于对照，且在 3 h 和 12 h 的表达量最高。由此可见，*GmGRAS27* 不仅响应干旱胁迫，还强烈地响应 ABA 信号和盐胁迫（图 2-71）。

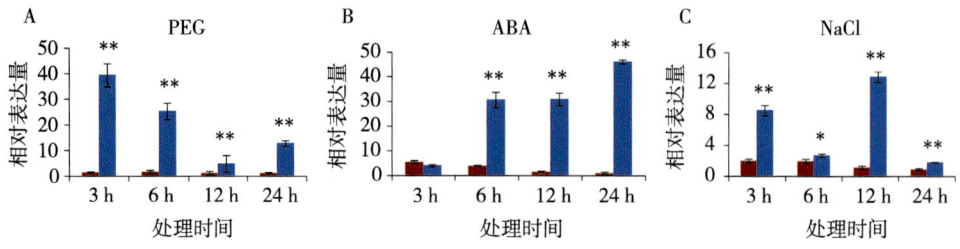

图 2-71 非生物胁迫下 GmGRAS27 的表达分析

第六节 齐黄 34 品质与加工研究进展

大豆原产于中国，古称"菽"。大豆的栽培和利用在中国有着 5 000 年的历史。中华民族自古以来以植物为主食，大豆作为基本的蛋白来源。从本质上讲，大豆孕育了黄皮肤的东方民族。在 18 世纪，中国的大豆传到了欧美，走向了世界。大豆浑身是宝，营养丰富，是日常膳食的必需品。大豆是天然植物性食品中蛋白质数量和质量都极佳的食物，其蛋白质含量约为鱼、肉、蛋的两倍，且是谷物的 4 倍以上，必需氨基酸含量丰富，氨基酸比例更符合人体需求。大豆中含有宝贵的水苏糖和棉子糖等功能性低聚糖，有利于肠胃健康，且富含稀缺元素，不饱和脂肪酸的含量高达 85%。α- 亚麻酸的含量在 4.2%～11%，而 ω-6 脂肪酸与 ω-3 脂肪酸的比例约为 6.9∶1，接近 FAO 发布的《健康食用油的标准》。此外，大豆中的维生素 E 含量也是众多油料作物中最高的，成为一种优良的食用油脂。

当前，我国大豆产业，特别是大豆加工业，实现了突飞猛进的发展，各方面都取得了显著的效益，从而推动了我国粮食作物的增产增收。在这个过程中，大豆加工业对大豆品质提出了更高要求。大豆的原料品质特性直接决定了其加工制品的优劣。目前，我国大豆品质育种主要包括选育高油和高蛋白的大豆品种。此外，高异黄酮、低亚麻酸、高豆腐得率以及适合鲜食加工等专用品种也更受到加工企业的青睐。

齐黄 34 品种兼具高蛋白和高脂肪的特性。齐黄 34 的蛋白质含量为 45.13%，脂肪含量为 22.48%，同时超过了国家高蛋白和高油品种标准。齐黄 34 实现了高蛋白、高脂肪的突破，克服了大豆育种中高产与优质、蛋白与脂肪同步提高的瓶颈。此外，齐黄 34 的水溶性蛋白含量高，豆腐加工得率高，风味优良，口感细腻爽滑，深受消费者和豆制品加工业的青睐。齐黄 34 的培育从根本上有效满足了不同大豆加工企业的内在需求，降低了加工成本，确保了企业效率的显著提升。

一、营养品质

齐黄 34 属于蛋白质脂肪双高品种，经农业农村部谷物品质监督检验测试中心检测，齐黄 34 蛋白质（干基）含量 45.13%，脂肪（干基）含量 22.48%，蛋白脂肪含量合计高达 67.61%（图 2-72）。

农业农村部谷物品质监督检验测试中心

检 验 报 告

NO. Xd190009　　共 2 页第 2 页

样品名称及原编号：大豆　齐黄 34

检测项目	单位	检验结果	检验依据	标准值	单项判定
粗蛋白质（干基）	%	45.13	NY/T3-1982	/	/
粗脂肪（干基）	%	22.48	NY/T4-1982	/	/
		以下空白			

图 2-72　齐黄 34 品质检测

齐黄 34 国家区域试验历年来品质检测结果显示（表 2-27），蛋白质含量最高为 45.37%，最低为 41.44%；脂肪含量最高为 22.84%，最低为 18.46%；平均蛋白质含量为 43.5%，平均脂肪含量为 21.48%，平均蛋白质脂肪合计为 64.93%。

表 2-27　国家区域试验历年品质检测结果　　单位：%

年份	试验	蛋白含量	脂肪含量	蛋白脂肪合计
2010	国家区试西北春大豆	44.75	18.46	63.21
2010	国家区试黄淮海夏大豆中片	42.99	20.19	63.18
2011	国家区试黄淮海夏大豆南片	42.77	21.26	64.03
2013	国家区试长江流域夏大豆早中熟组	41.44	22.56	64.00
2018	贵州省大豆区域试验	42.71	22.84	65.19
2019	贵州省大豆区域试验	45.37	21.95	66.42
2019	国家热带亚热带区域试验	45.13	22.48	67.61
2021	四川省区域试验	42.80	23.00	65.80
	平均	43.50	21.48	64.93

二、品质遗传

中国农业大学孙连军团队利用齐黄 34 和冀豆 17 的 256 个重组自交系群体对种子蛋白含量、油分含量、蛋白油分总含量、百粒重进行了 QTL 定位（Huang et al., 2021）。在本研究中，一共分析了 25 个 QTL，有 10 个 QTL 的等位基因来自齐黄 34，对这些 QTL 的有利等位基因进行系谱研究，其中 4 个与百粒重相关的候选基因（Glyma. 04G047800、Glyma. 04G051200、Glyma. 04G062400 和 Glyma. 04G073900）在两亲本间的表达差异显著。这些新的 QTL 可为提高大豆种子品质和产量提供新的育种思路，指导大豆生产和产业化发展。

大豆种子的商业价值在很大程度上取决于其外观质量，包括种子的大小、形状和颜色等。种子的大小和形状与大豆油分、蛋白质或其他风味物质的含量有关。种子的大小还影响种子发芽、幼苗活力和抗逆性，而绿色种皮则与种子休眠有关。种子萌发可以通过种子表面纹理分析来评估，种子表面外观质量是评价种子内在质量的窗口。因此，寻找控制种子外观的主要等位基因对良种选育具有重要意义。中国农业大学孙连军团队利用齐黄 34 和冀豆 17 的 256 个重组自交系群体，鉴定到控制大豆种子外观品质的数量性状位点（QTL），其中 *hotspot*-4-1 是控制种子大小的主要位点，*hotspot*-15 主要控制种子颜色和纹理（Hu et al., 2021）。该研究全面挖掘了大豆品种种子外观品质的 QTL，为种子外观表型分析提供了一种有效的方法。这些结果将有助于剖析大豆种子外观品质的遗传基础，为大豆的改良提供依据。

三、加工品质

（一）豆腐加工

豆腐的制作工艺流程包括大豆浸泡、磨浆、煮浆、点浆和成型。豆腐的理化性质检测则包括蛋白、脂肪和水分等理化指标。豆腐的质构检测采用直径为 20 mm 的取样器在豆腐中部取样，样品高度为 10 mm。随后，使用 P50 铝制圆柱形探头进行豆腐质构特性测定。具体参数设定为：测前速度为 2.00 mm/s，测中速度为 0.80 mm/s，测后速度为 2.00 mm/s，模式为压缩比，起始距离为 30.00 cm，压缩比为 70.00%，时间为 3.00 s，接触力为 5 g。

通过测定不同大豆品种加工豆腐的理化性质、豆腐质构特性及豆腐得率等指标发现，齐黄 34 水溶性蛋白含量高，豆腐加工得率高且风味佳（图 2-73）。齐黄 34 大豆品种产出率高，具有弹性，豆香味浓（表 2-28）。通过测定不同大豆品种的湿豆腐得率，发现齐黄 34 湿豆腐得率比一般品种高出 31.94 个百分点（表 2-29）。齐黄 34 加工豆腐质量得率为 265.40%，比优质对照品种东农 252 高 29%；其保水性为 74.26%，含水量为 79.24%，硬度为 392.00 g，黏性为 0.12 mJ，口感细腻爽滑（图 2-74），深受消费者和豆制品加工业的青睐。山东香驰集团等几十家大豆加工和贸易企业以每千克高于市场价 0.4～0.6 元的价格收购齐黄 34。

图 2-73　齐黄 34 豆腐品鉴

表 2-28　不同大豆品种加工豆腐质构和出品率

品种	脂肪含量（%）	蛋白含量（%）	硬度（g）	黏性（g.sec）	弹性	黏聚性	咀嚼性	总分	豆腐出品率（%）
齐黄 34	42.40	20.54	2 124.2	-64.2	0.86	0.375	689.3	6.08	312
晋豆 50	40.20	22.04	1 896.5	-75.2	0.76	0.358	513.6	5.88	301
徐豆 18	42.31	24.94	1 510.3	-96.8	0.82	0.317	409.8	5.60	300
徐豆 20	41.90	21.86	1 737.0	-77.0	0.89	0.410	642.1	5.30	300
蒙 1001	41.90	21.60	1 716.2	-85.4	0.87	0.387	573.6	5.80	298
淮科 8	38.80	21.60	1 777.4	-83.3	0.89	0.391	630.1	5.00	297
圣豆 5 号	39.48	21.06	2 075.2	-64.2	0.88	0.394	729.3	4.90	285

表 2-29　不同大豆品种豆腐加工品质比较　　　　　　　　　　　　　　单位：%

品种	脂肪含量	蛋白含量	湿得率
齐黄 34	21.26	42.77	257.17
蒙豆 16	19.04	41.78	223.27
蒙豆 21	20.52	43.69	263.96

续表

品种	脂肪含量	蛋白含量	湿得率
吉农 12	20.92	40.77	196.26
黑农 49	19.31	45.17	229.84
垦丰 14	16.25	44.02	208.22
垦丰 17	17.48	44.80	224.03
东农 48	18.57	42.17	247.24
九农 31	19.58	43.46	199.16
小粒豆 8	20.28	43.27	208.93
九农 28	21.49	40.55	219.57
黑农 52	21.76	40.94	212.37
哈北 46-1	16.76	43.72	246.93
黑河 49	19.89	45.72	246.2
黑河 29	21.27	41.15	227.28
平均			225.23

图 2-74　齐黄 34 豆腐加工品质测定报告

此外,邵阳学院食品与化学工程学院发现齐黄34生产加工的豆清发酵液豆腐和卤水豆腐的得率、保水性、质构参数均较高,尤其是卤水豆腐的各项指标在6个参试品种中均最高,表明齐黄34适合生产豆清发酵液豆腐和卤水豆腐(王秋普等,2019)。

(二)豆浆加工

大豆富含蛋白质,经过浸泡和磨浆处理,使大豆中的蛋白质充分溶解于水中,形成豆浆。豆浆的制作工艺流程包括大豆浸泡、磨浆、煮浆和滤浆。不同大豆品种在豆浆制作中的适应性评价通常通过理化指标检测(如豆浆的水分和蛋白质理化性质)、稳定性检测、蛋白回收率和感官评价来进行。通过测定不同大豆品种加工豆浆的稳定系数发现,齐黄34豆浆的稳定系数高于其他品种(表2-30)。稳定系数越高,表明豆浆体系越稳定。

豆浆具有复杂的体系,其感官和理化特性受到大豆种子成分的影响。中国农业大学食品学院的张慧团队选择了35个大豆品种,通过相关分析和聚类分析,确定大豆种子性状与豆浆理化特性之间的显著相关性。豆浆的四种感官品质属性,包括味道、气味、外观和口感,通过数值进行量化,并根据模糊逻辑技术构建的加权标准进行评分。粗蛋白含量较低、粗脂肪含量较高的大豆种子制备的豆浆具有较好的感官品质。对35个大豆品种进行豆浆理化特性分析表明,在豆浆感官评分中,齐黄34的外观评价最高,综合评价排名第8(Jin et al., 2020)。

表2-30 不同大豆品种豆浆加工品质比较

品种	豆浆	
	感官得分	豆浆稳定系数R
齐黄34(嘉祥)	6.1	0.89
齐黄39	7.1	0.87
圣豆5号	7.2	0.86
良星99	6.2	0.83
齐黄34(济阳)	6.4	0.82
5065中黄311	6.3	0.80
徐豆20	7.1	0.76
齐黄35	6.4	0.76
濮豆561	6.4	0.73
圣豆十号	6.3	0.72

续表

品种	豆浆	
	感官得分	豆浆稳定系数 R
5536 菏豆 12	6.3	0.71
蒙 1001	6.6	0.69
5068 晋豆 50	5.5	0.67
淮科 8	6.3	0.66
徐豆 18	5.8	0.65

（三）腐竹加工

豆浆煮沸后，蛋白质受热变性，胶粒进一步凝集，表面水分不断蒸发，导致蛋白质浓度相对增高，从而形成薄膜，将薄膜挑起即成为腐竹。腐竹的制作工艺流程一般包括大豆浸泡、磨浆、煮浆、成皮和揭皮。腐竹的理化性质检测包括其蛋白质、脂肪等含量。腐竹的筋力是品质的重要指标，其检测方法为将腐竹浸泡后，选择平整部分，折成双层，切成宽 2 cm、长 15 cm 的条状，使用 A/SPR 探头检测筋力。本次实验中制作了部分油皮进行筋力检测，油皮较平整，便于操作；校正高度为 10 mm，接触力为 5 g，测前速度为 1.5 mm/s，测中速度为 1.0 mm/s，测后速度为 4.0 mm/s。

通过测定不同大豆品种加工的腐竹的理化性质等指标发现，齐黄 34 加工的腐竹色泽亮黄、豆香味明显，并且用齐黄 34 加工的腐竹比其他品种的总出品率和优质品出品率均更高（表 2-31）。

表 2-31 不同大豆品种腐竹加工品质比较

品种	蛋白（%）	脂肪（%）	颜色	气味	结构	筋力（N）	总腐竹出品率（%）	优质腐竹出品率（%）	平均速率（g/min）
圣豆 5 号	53.6	19.7	亮黄	豆香味	粗细均匀	1.39	46.6	32.7	0.32
齐黄 34	56.5	26.2	亮黄	豆香味	粗细均匀	1.04	52.9	38.0	0.35
徐豆 18	57.5	29.1	亮黄	豆香味	粗细均匀	1.56	52.2	35.0	0.32
淮科 8	51.9	30.2	黄色	豆香味	粗细均匀	0.94	49.2	30.0	0.33
蒙 1001	55.1	25.6	淡黄	豆香味	粗细均匀	1.15	50.8	32.5	0.34
齐黄 35	52	26.3	黄色	豆香味	粗细均匀	1.13	48.1	31.9	0.31
徐豆 20	57	27.1	亮黄	豆香味	粗细均匀	1.22	52.3	33.0	0.34

（四）其他

大豆异黄酮是一种黄酮类化合物，是大豆生长过程中形成的一类次级代谢产物，并具有生物活性。大豆异黄酮具有预防骨质疏松、缓解女性更年期综合征、抗氧化和抗癌等积极效果，因此在食品保健领域展现出广阔的应用前景。齐黄34的异黄酮含量为3 372 mg/kg，而一般品种的异黄酮含量为2 000 mg/kg。

东北农业大学建立了精准鉴定大豆香味的方法，并利用该方法分析了包括齐黄34在内的101个大豆品种中2-乙酰基-1-吡咯啉（2-AP）的含量。所有品种被分为3个等级，齐黄34位于第二等级的前三名（Zhang et al., 2021）。

此外，福建农林大学利用齐黄34创制了7S亚基全缺失的七基因突变体（7s-null）和11S亚基缺失的五基因突变体（11s-null），从而定制加工特性，用于提升不同豆制品（如豆乳、豆腐、植物肉等）的加工品质（Bai et al., 2022）。

山东禹王生态食业有限公司以齐黄34为原料，利用大豆、豆瓣和豆片为原料制备豆腐，并对豆腐的含水率、出品率、出渣率、豆渣干基粗蛋白、蛋白质利用率、感官评价、质构、用水及排水量、生产效率进行比较。结果表明，以豆瓣和豆片为原料制备的豆腐在各项指标上均优于大豆所制备的豆腐。其中，以豆片为原料制作的豆腐在各方面表现最佳，含水率为80.62%，出品率为421.6%，出渣率为75.34%，豆渣干基粗蛋白含量为12.80%，蛋白质利用率为84.61%。在色值、硬度、弹性、豆腥味和苦涩味5个指标的感官评价中，总分为41.1分（马春芳等，2020）。

第七节 齐黄34抗病性和抗虫性研究进展

齐黄34的综合抗性较好，同时抗花叶病毒病、拟茎点种腐病、白粉病、炭疽病、霜霉病和疫霉根腐病，同时中抗斜纹夜蛾。

一、抗花叶病毒病

齐黄34在2013年、2015年、2016年、2017年、2018年、2019年和2020年参加了国家大豆品种区域试验。经国家大豆改良中心接种抗性鉴定，齐黄34对大豆花叶病毒SC3、SC7、SC15和SC18株系表现出高抗性（图2-75至图2-80）。

2013 年国家大豆品种区域试验
参试品种（系）SMV 抗性鉴定报告

一、鉴定方法

大豆品种对 SMV 的抗性鉴定

对国家大豆品种区域试验参试品种（系）齐黄 34 在防虫网室人工接种大豆花叶病毒流行株系 SC3（主要流行株系）、SC7（强致病株系）情况下，调查了品种的症状反应，发病率和病级，在此基础上计算各品种的病情指数，根据病情指数进行抗性分级。采用 6 级分级标准：

0 级（高抗）：无可见系统症状，病情指数为 0；

1 级（抗病）：病情指数在 20%以下；

2 级（中抗）：病情指数 21%-35%；

3 级（中感）：病情指数在 36%-50%之间；

4 级（感病）：病情指数在 51%-70%之间。

5 级（高感）：病情指数大于 70%

二、抗性鉴定结果

鉴定品种	SC3		SC7	
	病情指数%	抗性结论	病情指数%	抗性结论
齐黄 34	5	抗病	5	抗病
南农 1138-2（CK）	90	高感	95	高感

南京农业大学国家大豆改良中心

2013 年 12 月 20 日

图 2-75　2013 年齐黄 34 抗花叶病毒病检测报告

2015 年国家大豆品种区域试验
参试品种（系）SMV 抗性鉴定报告

一、鉴定方法

对国家大豆品种区域试验参试品种（系）齐黄 34 在防虫网室人工接种大豆花叶病毒（SMV）流行株系 SC3（主要流行株系）、SC7（强致病株系）情况下，调查了品种的症状反应，发病率和病级，在此基础上计算各品种的病情指数，根据病情指数进行抗性分级。采用 6 级分级标准：

0 级（高抗）：无可见系统症状，病情指数为 0；

1 级（抗病）：病情指数在 20%以下；

2 级（中抗）：病情指数 21%-35%；

3 级（中感）：病情指数在 36%-50%之间；

4 级（感病）：病情指数在 51%-70%之间。

5 级（高感）：病情指数大于 70%

二、鉴定结果

鉴定品种	SC3		SC7	
	病情指数%	抗性结论	病情指数%	抗性结论
齐黄 34	3	抗病	4	抗病
南农 1138-2（CK）	88	高感	90	高感

南京农业大学国家大豆改良中心

2015 年 12 月 13 日

图 2-76　2015 年齐黄 34 抗花叶病毒病检测报告

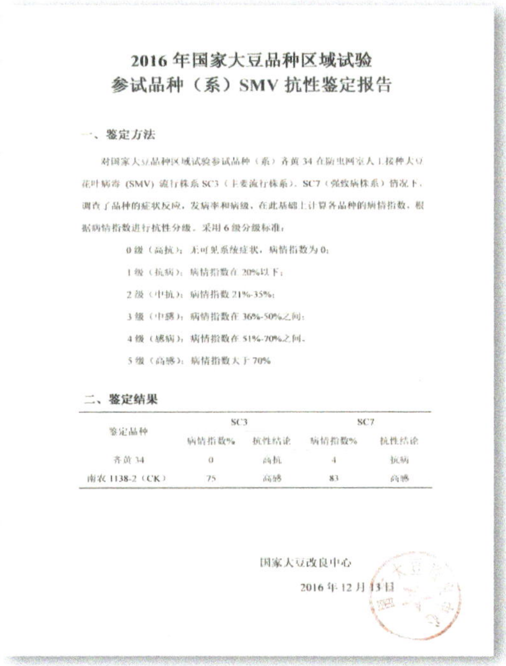

2016 年国家大豆品种区域试验
参试品种（系）SMV 抗性鉴定报告

一、鉴定方法

对国家大豆品种区域试验参试品种（系）齐黄 34 在防虫网室人工接种大豆花叶病毒（SMV）流行株系 SC3（主要流行株系）、SC7（强致病株系）情况下，调查了品种的症状反应，发病率和病级，在此基础上计算各品种的病情指数，根据病情指数进行抗性分级。采用 6 级分级标准：

0 级（高抗）：无可见系统症状，病情指数为 0；

1 级（抗病）：病情指数在 20%以下；

2 级（中抗）：病情指数 21%-35%；

3 级（中感）：病情指数在 36%-50%之间；

4 级（感病）：病情指数在 51%-70%之间。

5 级（高感）：病情指数大于 70%

二、鉴定结果

鉴定品种	SC3		SC7	
	病情指数%	抗性结论	病情指数%	抗性结论
齐黄 34	0	高抗	4	抗病
南农 1138-2（CK）	75	高感	83	高感

国家大豆改良中心

2016 年 12 月 13 日

图 2-77　2016 年齐黄 34 抗花叶病毒病检测报告

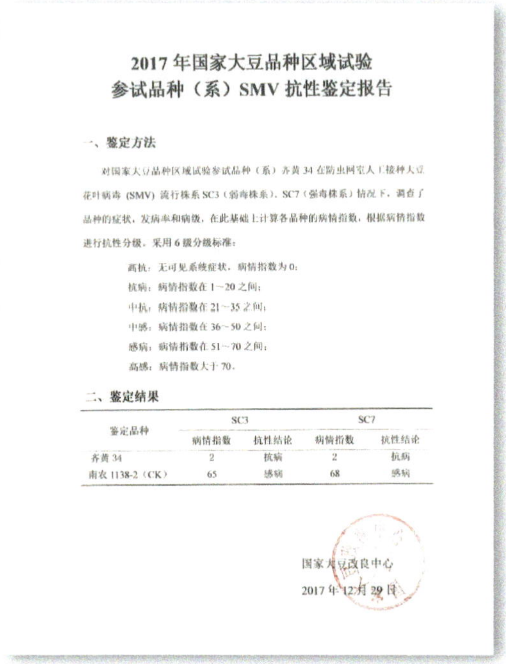

2017 年国家大豆品种区域试验
参试品种（系）SMV 抗性鉴定报告

一、鉴定方法

对国家大豆品种区域试验参试品种（系）齐黄 34 在防虫网室人工接种大豆花叶病毒（SMV）流行株系 SC3（弱毒株系）、SC7（强毒株系）情况下，调查了品种的症状，发病率和病级，在此基础上计算各品种的病情指数，根据病情指数进行抗性分级。采用 6 级分级标准：

高抗：无可见系统症状，病情指数为 0；

抗病：病情指数在 1～20 之间；

中抗：病情指数在 21～35 之间；

中感：病情指数在 36～50 之间；

感病：病情指数在 51～70 之间；

高感：病情指数大于 70。

二、鉴定结果

鉴定品种	SC3		SC7	
	病情指数	抗性结论	病情指数	抗性结论
齐黄 34	2	抗病	2	抗病
南农 1138-2（CK）	65	感病	68	感病

国家大豆改良中心

2017 年 12 月 29 日

图 2-78　2017 年齐黄 34 抗花叶病毒病检测报告

2019 年国家大豆品种区域试验
参试品种（系）SMV 抗性鉴定报告

一、鉴定方法

对国家大豆品种区域试验参试品种（系）齐黄 34 在防虫网室人工接种大豆花叶病毒流行株系 SC15（强毒株系）、SC18（弱毒株系）情况下，调查了品种的症状反应，发病率和病级，在此基础上计算各品种的病情指数，根据病情指数进行抗性分级。采用 6 级分级标准：

高抗：无可见系统症状，病情指数为 0；
抗病：病情指数在 1～20 之间；
中抗：病情指数在 21～35 之间；
中感：病情指数在 36～50 之间；
感病：病情指数在 51～70 之间；
高感：病情指数大于 70。

二、鉴定结果

鉴定品种	SC15		SC18	
	病情指数	抗性结论	病情指数	抗性结论
齐黄 34	11	抗病	19	抗病
南农 1138-2（CK）	69	感病	64	感病

注：鉴定结果仅对本年度来样负责。

国家大豆改良中心
2019 年 12 月 19 日

图 2-79　2019 年齐黄 34 抗花叶病毒病检测报告

2020 年国家大豆品种区域试验
参试品种（系）SMV 抗性鉴定报告

一、鉴定方法

对国家大豆品种区域试验参试品种（系）齐黄 34 在防虫网室人工接种大豆花叶病毒流行株系 SC15（强毒株系）、SC18（弱毒株系）情况下，调查了品种的症状反应，发病率和病级，在此基础上计算各品种的病情指数，根据病情指数进行抗性分级。采用 6 级分级标准：

高抗：无可见系统症状，病情指数为 0；
抗病：病情指数在 1～20 之间；
中抗：病情指数在 21～35 之间；
中感：病情指数在 36～50 之间；
感病：病情指数在 51～70 之间；
高感：病情指数大于 70。

二、鉴定结果

鉴定品种	SC15		SC18	
	病情指数	抗性结论	病情指数	抗性结论
齐黄 34	0	高抗	2	抗病
南农 1138-2（CK）	69	感病	64	感病

注：鉴定结果仅对本年度来样负责。

国家大豆改良中心
2020 年 12 月 19 日

图 2-80　2020 年齐黄 34 抗花叶病毒病检测报告

二、抗拟茎点种腐病

选用 2019—2020 年分离自不同大豆产区的大豆抗拟茎点种腐病菌（D1Y1、D1D1、D1Z1、D1S1 和 D1C1），采用下胚轴伤口接种法对齐黄 34 进行抗性鉴定。鉴定结果表明，齐黄 34 对大豆拟茎点种腐病菌株 D1Y1、D1D1、D1Z1 和 D1S1 表现为抗病，而对 D1C1 表现为中等抗病（图 2-81）。

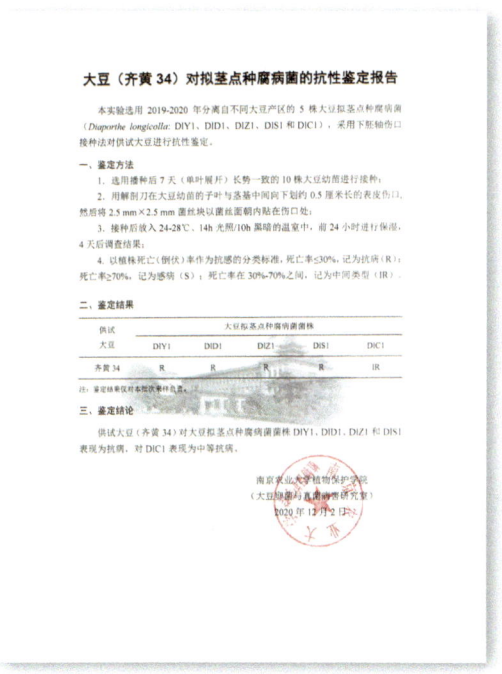

图 2-81　齐黄 34 拟茎点种腐病抗性鉴定

三、抗白粉病

2020 年经国家大豆改良中心广东分中心鉴定，齐黄 34 高抗白粉病（图 2-82）。

四、抗疫霉根腐病

2020 年，通过接种大豆疫霉菌株（弱毒力：PS1、PS3、PS5；中等毒力：PS4、PsMC1；强毒力：USAR2、Ps41-1；超强毒力：PsJS2）对大豆齐黄 34 进行抗性鉴定。鉴定结果显示，齐黄 34 对大豆疫霉菌株 PS1、PS3、PS5 和 PsMC1 表现为抗病，对 PS4 表现为中等抗病（图 2-83）。

齐黄 34 大豆白粉病抗性鉴定报告

一、鉴定方法

2019 年 12 月 29 日在广州市华南农业大学农场种植，采用穴播种植方式，穴距 0.5 米，每份材料种植 3 穴，每穴保苗 15 株。2020 年 1 月 22 日和 29 日，用清水冲洗前期种植的感病品种华夏 18 号上的白粉病病菌，利用喷雾器将含有白粉病的液体均匀喷在大豆叶片上，分别于 2020 年 2 月 9 日、2 月 21 日和 2 月 27 日进行田间调查，以感病品种华夏 18 号为感病对照，巴西 13 号为抗病对照。调查品种的症状反应，发病率和病级，在此基础上计算各品种的病情指数，根据病情指数进行抗性分级。采用 6 级分级标准：

高抗：无可见系统症状，病情指数为 0；

抗病：病情指数在 1~20 之间；

中抗：病情指数在 21~35 之间；

中感：病情指数在 36~50 之间；

感病：病情指数在 51~70 之间；

高感：病情指数大于 70。

二、鉴定结果

品种	病情指数	抗性评价
齐黄 34	0	高抗
华夏 18 号	100	高感

国家大豆改良中心广东分中心

2020 年 7 月 29 日

图 2-82　齐黄 34 白粉病抗性鉴定

大豆（齐黄 34）对大豆疫霉菌的抗性鉴定报告

本实验采用 8 个大豆疫霉菌株（弱毒力：PS1、PS3、PS5；中等毒力：PS4、PsMC1；强毒力：USAR2、Ps41-1；超强毒力：PsJS2）对供试大豆（齐黄 34）进行抗性鉴定。

一、鉴定方法

1. 选用种植三天的大豆黄化苗，用自来水将根冲洗干净；

2. 从 25℃黑暗条件培养 5 天的大豆疫霉菌落边沿打出直径 1.5cm 的菌碟；

3. 菌丝面接触黄化苗，贴在大豆苗下胚轴距离根部 3cm 左右；

4. 用灭菌水湿润的吸水纸包裹下胚轴及根部，每五个重复用锡箔纸包裹；

5. 25℃，10h 光、14h 黑暗下，保湿 4 天后，查看病斑扩展情况、根部生长情况、子叶上部生长情况，按以下标准确定大豆品种的抗感性等级：

抗病（R）- 接种菌丝块处没有变褐，与接种琼脂块无异，或菌丝块接触面稍微变褐，四株及以上表现以上症状；

中等抗病（IR）- 植株生长正常，根系生长正常，接种处表皮变褐，维管束正常，未绕茎扩展或绕茎扩展，但未上下扩展，四株及以上表现以上症状；

感病（S）- 植株比对照矮小，病斑上下扩展；或子叶以下全株变褐，植株矮小，根系几乎未长，四株及以上表现以上症状。

二、鉴定结果

供试大豆	大豆疫霉菌株							
	PS1	PS3	PS5	PS4	PsMC1	USAR2	Ps41-1	PsJS2
齐黄 34	R	R	R	IR	R	S	S	S

注：鉴定结果仅对本批次采样负责。

三、鉴定结论

供试大豆（齐黄 34）对大豆疫霉菌株 PS1、PS3、PS5 和 PsMC1 表现为抗病，对 PS4 表现为中等抗病。

南京农业大学植物保护学院

（大豆卵菌与真菌病害研究室）

2020 年 12 月 2 日

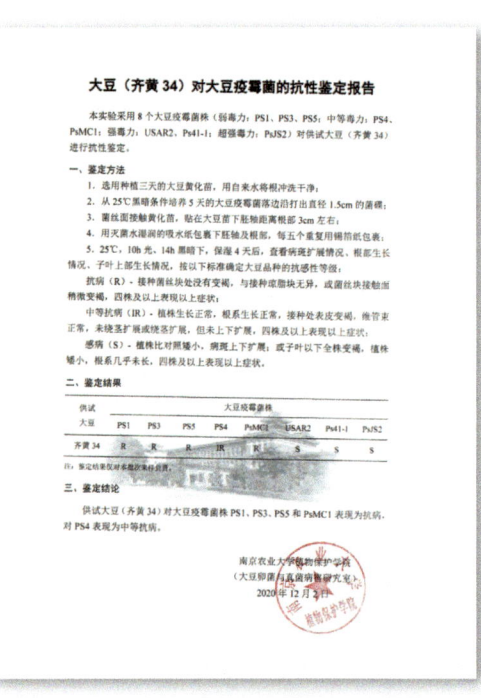

图 2-83　齐黄 34 疫霉根腐病抗性鉴定

五、抗炭疽病

2019年，福建省农业科学院植物保护研究所对大豆齐黄34进行了大豆炭疽病的抗性鉴定评价。大豆炭疽病原菌分离自福建的大豆病株。在始荚期进行喷雾接菌，成熟期调查发病情况和病级，计算病情指数，得出的鉴定结论为齐黄34中抗炭疽病（图2-84）。

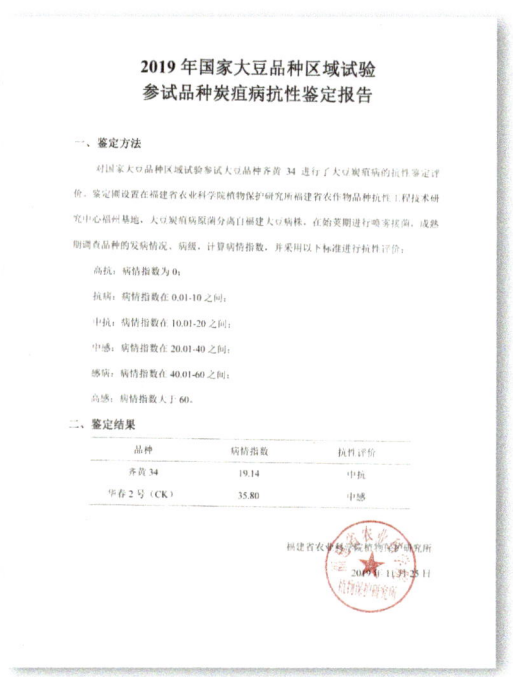

图2-84　齐黄34炭疽病抗性鉴定

六、抗斜纹夜蛾

2018年，安徽省农业科学院作物研究所通过接虫鉴定。鉴定结果为齐黄34中抗斜纹夜蛾（图2-85）。

另外，多年田间种植表现为高抗霜霉病。南京农业大学对黄淮海地区大豆主要病原菌的携带情况进行了检测，结果未发现齐黄34中携带任何参检病原菌（曾丹丹等，2017）。中国农业大学农学院孙连军团队利用齐黄34与冀豆17为亲本构建的重组自交系群体，采用黄蓟马自然侵食幼苗的方法对128个株系进行抗虫鉴定，以虫害指数表征各株系苗期抗虫能力，基于各株系基因型进行连锁遗传分析。初步鉴定了 3 个大豆苗期抗黄蓟马的遗传位点 rtf1、rtf2、rtf3，其中，位于大豆 11 号染色体上的 rtf1 是主效位点，可解释表型变异的 15.8%，且与已报道的大豆抗蚜虫位点 Qrap_B1_1 位置重合，研究结果能为大豆抗虫机制解析和大豆抗虫品种的选育提供重要参考（包选平等，2020）。

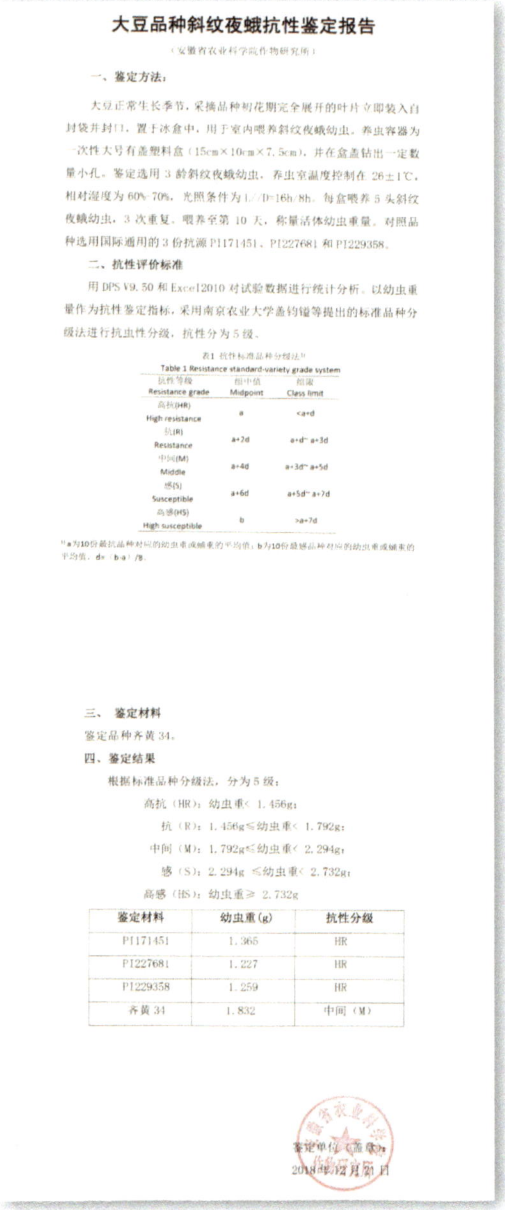

大豆品种斜纹夜蛾抗性鉴定报告

（安徽省农业科学院作物研究所）

一、鉴定方法：

大豆正常生长季节，采摘品种初花期完全展开的叶片立即装入自封袋并封口，置于冰盒中，用于室内喂养斜纹夜蛾幼虫。养虫容器为一次性大号有盖塑料盒（15cm×10cm×7.5cm），并在盒盖钻出一定数量小孔。鉴定选用 3 龄斜纹夜蛾幼虫，养虫室温度控制在 26±1℃，相对湿度为 60%~70%，光照条件为 L//D=16h/8h。每盒喂养 5 头斜纹夜蛾幼虫，3 次重复。喂养至第 10 天，称量活体幼虫重量。对照品种选用国际通用的 3 份抗源 PI171451、PI227681 和 PI229358。

二、抗性评价标准

用 DPS V9.50 和 Excel2010 对试验数据进行统计分析。以幼虫重量作为抗性鉴定指标，采用南京农业大学盖钧镒等提出的标准品种分级法进行抗虫性分级，抗性分为 5 级。

表1 抗性标准品种分级法[1)]

Table 1 Resistance standard-variety grade system

抗性等级 Resistance grade	组中值 Midpoint	组限 Class limit
高抗(HR) High resistance	a	<a+d
抗(R) Resistance	a+2d	a+d~ a+3d
中间(M) Middle	a+4d	a+3d~ a+5d
感(S) Susceptible	a+6d	a+5d~ a+7d
高感(HS) High susceptible	b	>a+7d

[1)] a为10份最抗品种对应的幼虫重或蛹重的平均值，b为10份最感品种对应的幼虫重或蛹重的平均值，d=（b-a）/8。

三、 鉴定材料

鉴定品种齐黄 34。

四、鉴定结果

根据标准品种分级法，分为 5 级：

高抗（HR）：幼虫重< 1.456g；

抗（R）：1.456g≤幼虫重< 1.792g；

中间（M）：1.792g≤幼虫重< 2.294g；

感（S）：2.294g ≤幼虫重< 2.732g；

高感（HS）：幼虫重≥ 2.732g

鉴定材料	幼虫重(g)	抗性分级
PI171451	1.365	HR
PI227681	1.227	HR
PI229358	1.259	HR
齐黄 34	1.832	中间（M）

鉴定单位（盖章）：

2018 年 12 月 21 日

图 2-85　齐黄 34 斜纹夜蛾抗性鉴定

第八节
齐黄 34 栽培机理研究进展

为探究大豆光合特性日变化规律及其与产量相关性，更好地预测和评价大豆产量并筛选高产高光效大豆品种，山东省农业科学院李娜娜团队以 4 个生育期差异较小、产量差异较大的大豆品种临豆 9 号、潍豆 9 号、菏豆 12 号和齐黄 34 为材料，测定不同品种在开花期、结荚期、鼓粒期和成熟期 4 个主要生育期的光合指标和叶绿素荧光参数变化规律及其与大豆产量的关系。结果表明：齐黄 34 的净光合速率在结荚至成熟期明显高于其他品种，比潍豆 9 号高 84.73%；气孔导度比临豆 9 号高 154.3%，比潍豆 9 号高 164.9%；蒸腾速率显著高于其他品种；胞间 CO_2 浓度在各生育期均低于其他品种；是高光效、低消耗的品种（李照君等，2020）。

为了解释齐黄 34 高光效的机理，中国农业大学孙连军团队对齐黄 34 表皮毛进行了研究。植物表皮毛是植物与环境接触的最外层，是植物重要的保护组织之一，在抵御生物胁迫与非生物逆境方面都发挥有重要作用。作为植物与环境的对接口，植物表皮毛往往可以进化出不同结构以适应复杂的外部环境。在大豆的驯化过程中，表皮毛形态发生了显著的变化，野生大豆的表皮毛普遍为贴附在叶片表面上的倒毛，而栽培大豆的表皮毛大多为与叶片呈现一定角度的立毛。该团队发现黄淮海地区的主栽品种齐黄 34 与冀豆 17 存在表皮毛形态不同的特征。齐黄 34 表现为立毛，而冀豆 17 则表现为倒毛，齐黄 34 表皮毛基细胞表现为对称发育，而冀豆 17 表皮毛基细胞不对称发育，通过利用两亲本杂交衍生的重组自交系，将控制表皮毛形态的主效调控位点 PUBESCENCE FORM（PF1）定位在大豆 13 号染色体。进一步构建大规模的精细定位群体，将 PF1 被缩小至 8kb 区间范围内，该区间内不包含任何编码基因的，但是两亲本在该区间存在较大的长度差异，齐黄 34 为 18 kb，而冀豆 17 则只有 8 kb。序列比对发现，齐黄 34 在该区间存在一个 Ty3/Gypsy 逆转座子插入，将该插入位点下游一个编码 actin cytoskeleton-regulatory complex pan-like protein 的基因作为候选基因，并将该基因命名为 Mao1（汉语拼音）。通过构建 Mao1-OE 超表达载体并对冀豆 17 进行遗传转化，结果显示 Mao1-OE 株系的表皮毛基细胞对称发育使表皮毛由倒变立。田间产量试验发现，Mao1 超表达株系在正常种植密度下相比于倒毛的冀豆 17，产量能够增加 18.6%～68.4%。光合作用相关指标测定结果显示立毛大豆中的叶绿素含量、rubisco 酶活性、光合速率以及光合稳定性等光合指标均显著高于倒毛大豆，因此立毛大豆产量的增加可能是光合效率影响所致。综上所述，该研究通过解析大豆表皮毛形态调控分子机理，探索了大豆驯化过程中非典型选择性状在大豆产量形成中的价值，为我国大豆品种选育以及主栽大豆的靶向改良提供了理论依据和基因资源（An et al., 2023）。

第三章
齐黄 34 高产栽培技术

　　齐黄 34 是一个高产、稳产、蛋白和脂肪双高、抗病力强、耐涝、耐旱、耐盐碱、耐阴、广适、适合机械化生产、适合间作和套种、并且适合盐碱地种植的大豆品种。为充分发挥齐黄 34 的遗传潜力和增产效果，扩大其推广应用面积，开展了针对大豆齐黄 34 的高产栽培技术研究。集成了"大豆一三三高产栽培技术""大豆单产提升'加增促助减'五步推进技术"以及"盐碱地大豆高产栽培技术"。

 ## 第一节
大豆一三三高产栽培技术

一、技术概述

（一）技术基本情况

　　大豆是我国重要的粮油饲兼用作物，在国民经济发展中具有重要的战略地位。但是由于种植技术粗放，生产中不能发挥品种的产量潜力，我国大豆单产较低。为了发挥品种的产量潜力，本团队研究了播种以及不同时期水分、养分的产量效应，针对大豆产量构成因素，有的放矢，集成了以亩产 300 kg 为目标的大豆一三三高产栽培技术。

　　该技术较好地解决了缺苗断垄、养分供应不足和干旱等严重影响大豆产量的关键问题，实现大豆产量突破。可用于指导大豆生产和高产创建。

（二）技术示范推广情况

　　利用该技术，本团队在黄淮海和西北地区多次创造大豆高产纪录，以亩产 353.45 kg 创全国夏大豆和主产区大豆高产纪录，以 313.75 kg 和 341.64 kg 创山

东省大豆高产纪录，以335.3 kg和367.4 kg创甘肃省大豆高产纪录，以313.3 kg创山西省大豆高产纪录。该技术已用于黄淮海和西北地区大豆生产和高产创建。

（三）提质增效情况

利用该技术大豆可获得亩产250～300 kg的高产，比全国平均亩产高120～170 kg，每亩增加产值720～1 020元，减去施肥相关投入50元/亩、浇水相关投入50元/亩，每亩增加效益620～920元。

（四）技术获奖情况

以大豆一三三高产栽培技术为主要创新点之一，"高产优质广适大豆新品种齐黄34"获得2021年山东省科学技术进步奖一等奖。大豆一三三高产栽培技术入选2022年和2023年农业农村部主推技术。

二、技术要点

（一）一播全苗

选用合适的播种机、合适的时机、适宜的墒情播种。

于6月20日前，在土壤墒情适宜的情况下，选用精量点播机播种，沙质土壤轻度镇压，壤土、黏土一般不镇压，保证苗全、苗匀、苗壮。判断土壤墒情是否适宜的简单方法是用手抓起耕层土壤，握紧后可结成团，离地1 m处放开，落地后可散开。也可用土壤水分测定仪测定土壤水分含量，以确定适宜的播种时间。土壤相对水分含量70%～80%时播种，大豆种子萌发良好。

（二）三水

即确保播种出苗、开花结荚和鼓粒3个关键时期的水分供应。

第一，播种出苗水：夏大豆播种时，干热风较重，一般情况下土壤墒情较差。如果土壤墒情不足，土壤水分含量低于70%，就应造墒播种；也可根据天气预报等降雨后抢墒播种，但易造成播种推迟，影响产量。土壤水分含量高于80%，应散墒播种；确保出苗。

第二，开花结荚水：开花结荚期（播种后30～70 d）大豆需水量较大，约占总耗水量的45%，是大豆需水的关键时期，蒸腾作用达到高峰，干物质积累也直线上升。因此，这一时期缺水则会造成严重落花落荚，单株荚数和单株粒数大幅度下降。如果出现干旱（连续10 d以上无有效降雨或土壤水分含量低于80%）应立即浇水，减少落花、落荚，增加单株荚数和单株粒数。

第三，鼓粒水：鼓粒期（播种后70～100 d）大豆需水量约占总耗水量的20%，也是籽粒形成的关键时期。这一时期缺水，则秕荚、秕粒增多，百粒重下降。如果出现干旱（连续 10 d 以上无有效降雨或土壤水分含量低于 70%）应立即浇水，减少落荚，确保鼓粒，增加单株有效荚数、单株粒数和百粒重。

（三）三肥

种肥、鼓粒初期追肥和鼓粒中后期喷施叶面肥。

第一，种肥：高产大豆的土壤有机质含量要在 1.25% 以上。土壤肥力不足者，可于播种前每亩施腐熟好的优质有机肥 1 000 kg 以上，培肥地力，保障养分的持续供应。播种时可施氮磷钾复合肥（N：P_2O_5：K_2O=15：15：15）10～20 kg 作种肥。

第二，鼓粒初期追肥：鼓粒初期（播种后 70 d 左右）是籽粒形成的关键时期，每亩追施氮磷钾复合肥 5～10 kg，保荚、促鼓粒，增加单株有效荚数、单株粒数和百粒重。

第三，鼓粒中后期喷施叶面肥：鼓粒中后期（播种后 80～100 d）对大豆产量形成至关重要，每 7～10 d 叶面喷施磷酸二氢钾 1 次，可延缓大豆叶片衰老，促进鼓粒，增加百粒重，提高产量。

三、适宜区域

黄淮海夏大豆区。

四、注意事项

第一，施用种肥时，请保持种子和肥料之间的间距在 10 cm 以上。

第二，播种大豆时不可浇蒙头水。

第二节
大豆单产提升"加增促助减"五步推进技术

一、技术概述

（一）技术基本情况

研究分析山东省大豆产业特点及制约单产提升关键瓶颈短板问题，提出商品种子加包衣、精细机播增密度、运筹肥水促生长、科学调控助丰产、绿色控害减损失"加、增、促、助、减"的大豆单产提升五步推进技术。

（二）技术示范推广情况

本技术经无棣、嘉祥、东明等多地试验推广，稳产增产成效显著，适宜在全省各地推广应用。

（三）提质增效情况

在纯作大豆、盐碱地大豆、大豆玉米带状复合种植等种植情况下应用，可亩增产 10% 以上。

（四）技术获奖情况

本技术由省单产提升大豆专家组研究提出，是当前大豆单产提升主推技术。

二、技术要点

大豆单产提升，需落实商品种子加包衣、精细机播增密度、运筹肥水促生长、科学调控助丰产、绿色控害减损失"加、增、促、助、减"的五步推进技术。

（一）商品种子加包衣

选用优质、抗病虫、熟期适宜的高产品种，如齐黄 34 号、菏豆 33 号、郓豆 1 号、祥丰 4 号、菏育 10 号、临豆 10 号等。种子提前精选，并进行种子包衣或播种前药剂拌种处理，防控地下病虫害和根茎部病害。可选用精甲·咯菌腈、丁硫·福美双、噻虫嗪、噻呋酰胺、苯醚·咯·噻虫、吡唑酯·精甲霜·甲氨基阿维菌素苯甲酸盐等种衣剂进行种子包衣或拌种（图 3-1）。

图 3-1　大豆种子包衣或拌种

（二）精细机播增密度

推广使用大豆专用精量化一体式播种机和大豆玉米带状复合种植一体式播种

机械进行播种，免耕单粒精量播种（图3-2）。适当缩小株行距，增加播种密度，纯作大豆推荐行距40～50 m，株距10 cm，播深3～5 cm，一般不镇压。使用大豆根瘤菌剂的，拌种后立即播种，或在播种时用微喷设备将菌液施入种床。

图3-2　大豆专用精量化一体式播种机

（三）运筹肥水促生长

大力推广大豆一三三高产栽培技术，即：一播全苗、浇好三水（播种保苗水、开花结荚水、鼓粒水）、施好三肥（底肥：播种时施复合肥15 kg/亩左右（图3-3）；鼓粒初期肥：每亩追施氮磷钾复合肥或尿素10 kg左右；鼓粒中后期叶面肥：叶面喷施2～3次1%浓度的磷酸二氢钾）。

图3-3　大豆麦茬免耕覆秸播种机

（四）科学调控助丰产

在大豆分枝期至开花前，根据植株长势科学开展化学调控，可使用27.5%胺鲜·甲哌鎓或10%多效唑·甲哌鎓调节营养生长和生殖生长，增加有效的开花结荚数量，将更多的养分集中到花荚和籽粒的生长上。初花期至结荚期开展"一喷多效"，结合防病治虫增施硼肥、钼肥。鼓粒期喷施磷酸二氢钾、三十烷醇等，促进开花授粉结荚和鼓粒，有效提高大豆单株荚数、百粒重（图3-4）。

图3-4　大豆滴灌

（五）绿色控害减损失

坚持"预防为主、综合防治"原则，大力推进统防统治与绿色防控相融合。可采用杀虫灯、性诱剂、食诱剂诱杀害虫成虫，释放天敌赤眼蜂寄生下代卵，压低种群基数，降低防控压力。病虫害集中发生为害关键期开展一喷多效，科学组配杀虫剂、杀菌剂、生长调节剂等进行统防统治，可根据病虫发生情况，防治1～2次（图3-5）。收获最佳时期在完熟初期，此时大豆叶片全部脱落，摇动植株有响声时籽粒含水量降至18%以下，用大豆收获机收获。割茬不高于10 cm，不留底荚，不丢枝，综合收割损失率小于5%，籽粒破损率小于3%，泥花脸率小于5%。收获后及时晾晒，含水量在13%～14%方可入库储存。

第三章　齐黄 34 高产栽培技术

图 3-5　病虫害防控

三、适宜区域

山东各大豆种植区。

四、注意事项

种衣剂包衣时不宜浸种，药剂不加水或加少量水稀释后包衣，以免豆种吸水膨胀，种皮皲裂。

第三节　盐碱地大豆高产栽培技术

一、技术概述

（一）技术基本情况

中央高度重视大豆产能提升，习近平总书记多次强调要扩大大豆油料生产。自 2019 年中央一号文件提出"大豆振兴计划"，连续多年中央一号文件要求扩种大豆和油料。人多地少的国情决定了我国不可能在现有耕地上大幅度扩大大豆种植面积。开发利用盐碱地种植大豆，成为大豆扩面积、提产能的重要举措。为了发挥耐盐碱大豆品种的产量潜力，本团队在农业农村部和山东省主推技术"大豆一三三高产栽培技术"的基础上，针对盐碱地特点，集成了盐碱地大豆高产栽培技术。

该技术较好地解决了盐碱地大豆缺苗断垄、养分供应不足和干旱等严重影响大豆产量的关键问题，实现大豆产量突破。可用于指导盐碱地大豆生产和高产创建。

（二）技术示范推广情况

利用该技术，本团队在黄河三角洲轻度盐碱地区两次创造大豆高产。其中，2021年在东营市垦利区0.3%的盐碱地实收亩产302.6 kg，创盐碱地大豆高产纪录；2022年在东营市河口区轻度盐碱地实收亩产329.3 kg。在黄河三角洲轻度盐碱地区累计应用50万亩以上。

（三）提质增效情况

在轻度盐碱地区利用该技术大豆可获得亩产200～250 kg的高产，比全国平均亩产高70～120 kg，每亩增加产值360～620元，减去施肥相关投入50元/亩、浇水相关投入50元/亩，每亩增加效益260～520元。在轻度盐碱地区利用该技术指导大豆生产，有效增加盐碱地区大豆种植面积，加快盐碱地综合开发利用步伐，为大豆扩面积、提产能提供重要的技术支撑。

（四）技术获奖情况

盐碱地大豆高产栽培技术的重要核心"大豆—三三高产栽培技术"作为"高产优质广适大豆新品种齐黄34"创新点之一获得2021年山东省科学技术进步奖一等奖。2022年获得农业农村部主推技术。

二、技术要点

（一）品种选择

宜选择适应当地生产条件、耐盐碱能力强、高产优质的大豆品种，如齐黄34、齐黄39、菏豆33、圣豆5号等品种。

（二）地块选择

春季土壤耕层（0～20 cm）全盐0.3%以下，pH值7.3～8.3，灌溉排水条件良好的耕地。要求地面平整，在种植前7～8 d适时灌溉或雨后抢墒，保证种植时土壤湿润，土壤含水量应相当于田间持水量的70%～80%。

（三）一播全苗（选用合适的播种机、合适的时机、适宜的墒情播种）

适期早播，于6月25日前，在土壤墒情适宜的情况下，选用精量点播机播种，沙质土壤轻度镇压，壤土、黏土一般不镇压，保证苗全、苗匀、苗壮。判断土壤墒情是否适宜的简单方法是用手抓起耕层土壤，握紧后可结成团，离地1 m处放开，落地后可散开。也可用土壤水分测定仪测定土壤水分含量，以确定适宜的播种时间。土壤相对水分含量70%～80%时播种，大豆种子萌发良好。轻度盐碱地区大豆每亩保苗数1.2万～1.6万株，出苗困难区域可适当增加播种量20%～30%。

（四）三水（即确保播种出苗、开花结荚和鼓粒3个关键时期的水分供应）

1. 第一播种出苗水

夏大豆播种时，干热风较重，一般情况下土壤墒情较差。如果土壤墒情不足，土壤水分含量低于70%，就应造墒播种；也可根据天气预报等降雨后抢墒播种，但易造成播种推迟，影响产量。土壤水分含量高于80%，应散墒播种。若遇持续干旱，每天傍晚进行喷灌，压盐补水，确保苗齐苗壮（图3-6）。

图3-6 适墒精量播种

2. 第二开花结荚水

开花结荚期（播种后30～70 d）大豆需水量较大，约占总耗水量的45%，是大豆需水的关键时期，也是大豆对盐最为敏感的时期，蒸腾作用达到高峰，干物质积累也直线上升。因此，这一时期缺水则会造成严重落花落荚，甚至死亡，株数、单株荚数和单株粒数大幅度下降。如果出现干旱或返盐碱严重时应立即浇水，浇水量要大，避免土壤盐分通过土壤毛细管集中到表土，减少大豆黄苗、死苗、落花、落荚，增加单株荚数和单株粒数。

3. 第三鼓粒水

鼓粒期（播种后70～100 d）大豆需水量约占总耗水量的20%，也是籽粒形成的关键时期。这一时期缺水，则秕荚、秕粒增多，百粒重下降。如果出现干旱（连续10 d以上无有效降雨或土壤水分含量低于70%）应立即浇水，减少落荚，确保鼓粒，增加单株有效荚数、单株粒数和百粒重（图3-7）。

图 3-7 开花结荚期、鼓粒期供水

(五)三肥(种肥、鼓粒初期追肥和鼓粒中后期喷施叶面肥)

1. 第一种肥

高产大豆的土壤有机质含量要在 1.25% 以上。土壤肥力不足者,可于播种前每亩施腐熟好的优质有机肥 1 000 kg 以上,培肥地力,保障养分的持续供应。播种时可施氮磷钾复合肥($N:P_2O_5:K_2O=15:15:15$)10~20 kg 作种肥。

2. 第二花荚期追肥

花荚(播种后 40 d 左右)是豆荚形成的关键时期,每亩追施氮磷钾复合肥 5~10 kg,保花、保荚,增加单株有效荚数、单株粒数。

3. 第三鼓粒中后期喷施叶面肥

鼓粒期(播种后 70~100 d)对大豆产量形成至关重要,每 7~10 d 叶面喷施磷酸二氢钾 1 次,可延缓大豆叶片衰老,缓解后期盐害、促进鼓粒,增加百粒重,提高产量(图 3-8)。

图 3-8 鼓粒期喷施叶面肥

三、适宜区域

黄淮海轻度盐碱地区。

四、注意事项

第一,施用种肥时,请保持种子和肥料之间的间距在 10 cm 以上。

第二,播种大豆时不可浇蒙头水。

第三,使用喷灌或微喷时浇水量要大,避免土壤盐分通过土壤毛细管集中到表土。

第四章
齐黄 34 高产创建与推广

齐黄 34 自审定以来,山东省农业科学院作物研究所在山东东平、嘉祥、陵城、东营、禹城以及新疆、甘肃、山西、安徽、江苏、河南、河北和天津等多地进行了高产创建与试验示范,取得了显著效果。齐黄 34 目前在黄淮海、西北、西南、华南地区的 20 个省市区推广 4 000 多万亩,年推广面积 400 万亩左右,连续多年是黄淮海地区种植面积最大的大豆品种。

第一节
齐黄 34 高产创建

一、齐黄 34 高产创建

齐黄 34 自审定以来,6 年 10 点次创出亩产 300 kg 以上的高产典型(表 4-1)。2020 年,齐黄 34 以亩产 353.45 kg 创全国夏大豆高产纪录,并 3 次刷新山东省大豆高产纪录,两次刷新甘肃省大豆高产纪录,同时创山西省的大豆高产纪录。

表 4-1　齐黄 34 创大豆高产纪录一览

年份	地点	实收面积（亩）	亩产量（kg）	所创纪录
2013	甘肃省靖远县东湾镇	1.6	335.30	甘肃省大豆高产纪录
2014	山东省嘉祥县老僧堂镇	1.0	313.75	山东省大豆高产纪录
2019	山东省德州市陵城区临齐街道	1.7	341.64	山东省大豆高产纪录

续表

年份	地点	实收面积（亩）	亩产量（kg）	所创纪录
2020	山东省东明县马头镇	1.07	353.45	全国夏大豆高产纪录
2020	甘肃省靖远县兴农种植合作社	1.21	367.40	甘肃省大豆高产纪录
2021	山西省运城市永济市董村农场	2.10	313.30	山西省大豆高产纪录
2021	山东省东营市垦利区胜坨镇	1.20	302.60	盐碱地大豆高产纪录
2022	山东省禹城市辛店镇	3.10	165.10	大豆玉米间作高产纪录

（1）甘肃省靖远县

2013年9月29日，山东省农业科学院邀请有关专家组成测产委员会，对山东省农业科学院作物研究所培育的齐黄34进行产量实打验收。实收面积每亩产量达335.3 kg，创甘肃省大豆高产纪录（图4-1，图4-2）。

图4-1　2013年甘肃省靖远县东湾镇红柳村测产验收现场

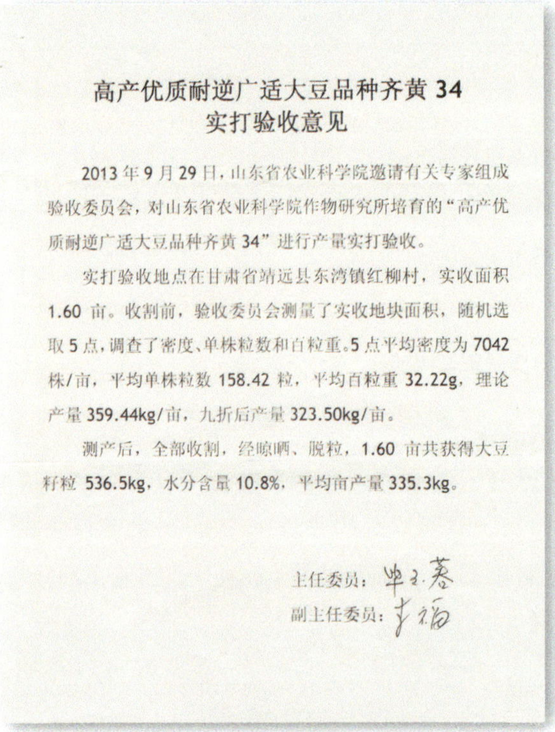

> ### 高产优质耐逆广适大豆品种齐黄34
> ### 实打验收意见
>
> 2013年9月29日，山东省农业科学院邀请有关专家组成验收委员会，对山东省农业科学院作物研究所培育的"高产优质耐逆广适大豆品种齐黄34"进行产量实打验收。
>
> 实打验收地点在甘肃省靖远县东湾镇红柳村，实收面积1.60亩。收割前，验收委员会测量了实收地块面积，随机选取5点，调查了密度、单株粒数和百粒重。5点平均密度为7042株/亩，平均单株粒数158.42粒，平均百粒重32.22g，理论产量359.44kg/亩，九折后产量323.50kg/亩。
>
> 测产后，全部收割，经晾晒、脱粒，1.60亩共获得大豆籽粒536.5kg，水分含量10.8%，平均亩产量335.3kg。
>
> 主任委员：
> 副主任委员：

图4-2　2013年甘肃省靖远县测产报告

（2）山东省嘉祥县

2014年10月9日，山东省农业厅组织有关专家，按照全省粮油高产创建验收办法的要求，对嘉祥县齐黄34亩高产攻关田进行了实打验收。实收面积每亩产量达313.75 kg，创山东省大豆高产纪录（图4-3至图4-5）。

图4-3　2014年山东济宁市嘉祥县验收现场

第四章　齐黄 34 高产创建与推广

图 4-4　2014 年山东济宁市嘉祥县验收组专家

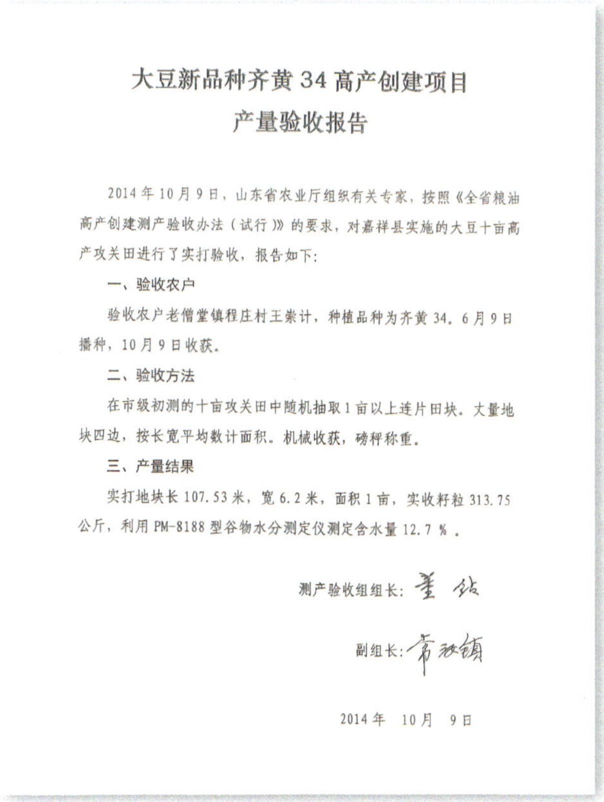

大豆新品种齐黄 34 高产创建项目产量验收报告

2014 年 10 月 9 日，山东省农业厅组织有关专家，按照《全省粮油高产创建测产验收办法（试行）》的要求，对嘉祥县实施的大豆十亩高产攻关田进行了实打验收，报告如下：

一、验收农户

验收农户老僧堂镇程庄村王崇计，种植品种为齐黄 34。6 月 9 日播种，10 月 9 日收获。

二、验收方法

在市级初测的十亩攻关田中随机抽取 1 亩以上连片田块。丈量地块四边，按长宽平均数计面积。机械收获，磅秤称重。

三、产量结果

实打地块长 107.53 米，宽 6.2 米，面积 1 亩，实收籽粒 313.75 公斤，利用 PM-8188 型谷物水分测定仪测定含水量 12.7%。

测产验收组组长：

副组长：

2014 年 10 月 9 日

图 4-5　2014 年山东省济宁市嘉祥县测产报告

（3）山东省陵城区

2019年10月17日，山东省农业农村厅邀请有关专家组成测产专家组，对大豆品种齐黄34的大面积生产实验进行了实收测产。实收面积的每亩产量达341.64 kg，创山东省大豆高产记录（图4-6至图4-8）。

图4-6　2019年山东省德州市陵城区宋家镇示范田

图4-7　2019年山东省德州市陵城区宋家镇验收专家组

第四章 齐黄 34 高产创建与推广

大豆品种"齐黄 34"实打验收报告

2019 年 10 月 17 日，山东省农业农村厅邀请有关专家组成测产专家组，对山东省农业科学院作物研究所培育的大豆品种"齐黄 34"大面积生产进行实收测产。本次验收前，陵城区农业农村局对全区 5 万亩"齐黄 34"生产田进行了理论测产，取 37 个样点，平均亩株数 10573.5 株，平均单株粒数 107.87 个，按"齐黄 34"黄淮海北片国家审定百粒重 28.6 克计算，八五折缩值后平均亩产 277.48 公斤。

一、验收地块

验收地块位于山东省德州市陵城区宋家镇、伸头镇、经开区。

二、验收方法

在万亩生产田中，选取有代表性的 3 个实收点。

三、产量结果

实打地块 1：面积 1.7 亩，实收 600.85 公斤，利用 PM-8818 型谷物水分测定仪测定含水量 15.9%；折成 13.5% 的标准含水量，亩产 341.64 公斤。

实打地块 2：面积 1.19 亩，亩产 268.9 公斤，水分达标。

实打地块 3：面积 1.4 亩，亩产 270.2 公斤，水分达标。

经考察，专家组一致认为，5 万亩"齐黄 34"生产田普遍长势良好，单产在 250 公斤以上，实现了大面积丰收。

组长 苗始镇

2019 年 10 月 17 日

图 4-8 2019 年山东省德州市陵城区测产报告

（4）山东省东明县

2020 年 10 月 11 日，受山东省农业农村厅委托，山东省农业科学院邀请有关专家组成测产委员会，对东明县齐黄 34 大面积高产攻关田进行了实打验收。实收面积每亩产量达 353.45 kg，创黄淮海大豆高产纪录（图 4-9 至图 4-11）。

图 4-9 2020 年山东省菏泽市东明县马头镇验收专家组

高产优质广适大豆品种 **齐黄34**

图4-10　2020年山东省菏泽市东明县马头镇高产纪录新闻报道

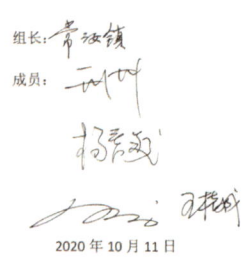

图4-11　2020年山东省菏泽市东明县测产报告

（5）甘肃省靖远县

2020年10月23日，受山东省农业科学院作物研究所委托，甘肃省农业科学院旱地农业研究所邀请有关专家组成测产委员会，对山东省农业科学院作物研究所培育的齐黄34进行产量实打验收。实收面积每亩产量达367.4 kg，创甘肃省大豆高产纪录（图4-12至图4-14）。

图4-12　2020年甘肃省靖远县测产专家

图4-13　2020年甘肃省靖远县齐黄34长势

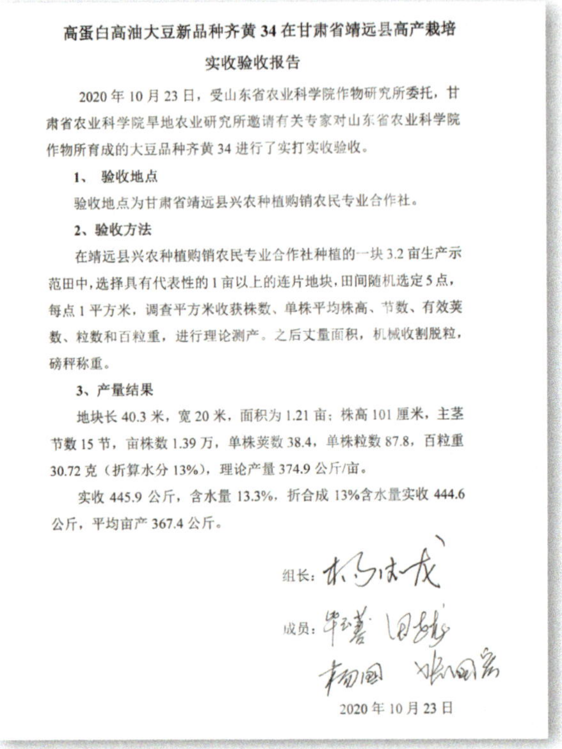

高蛋白高油大豆新品种齐黄 34 在甘肃省靖远县高产栽培实收验收报告

2020 年 10 月 23 日，受山东省农业科学院作物研究所委托，甘肃省农业科学院旱地农业研究所邀请有关专家对山东省农业科学院作物所育成的大豆品种齐黄 34 进行了实打实收验收。

1、 验收地点

验收地点为甘肃省靖远县兴农种植购销农民专业合作社。

2、验收方法

在靖远县兴农种植购销农民专业合作社种植的一块 3.2 亩生产示范田中，选择具有代表性的 1 亩以上的连片地块，田间随机选定 5 点，每点 1 平方米，调查平方米收获株数、单株平均株高、节数、有效荚数、粒数和百粒重，进行理论测产。之后丈量面积，机械收割脱粒，磅秤称重。

3、产量结果

地块长 40.3 米，宽 20 米，面积为 1.21 亩；株高 101 厘米，主茎节数 15 节，亩株数 1.39 万，单株荚数 38.4，单株粒数 87.8，百粒重 30.72 克（折算水分 13%），理论产量 374.9 公斤/亩。

实收 445.9 公斤，含水量 13.3%，折合成 13%含水量实收 444.6 公斤，平均亩产 367.4 公斤。

组长：

成员：

2020 年 10 月 23 日

图 4-14　2020 年甘肃省靖远县测产报告

（6）山西省永济市

2021 年 11 月 1 日，山东省农业科学院邀请有关专家组成测产专家组，对山东省农业科学院作物研究所培育的齐黄 34 进行产量实打验收。实收面积每亩产量达 313.3 kg，创山西省大豆高产纪录（图 4-15，图 4-16）。

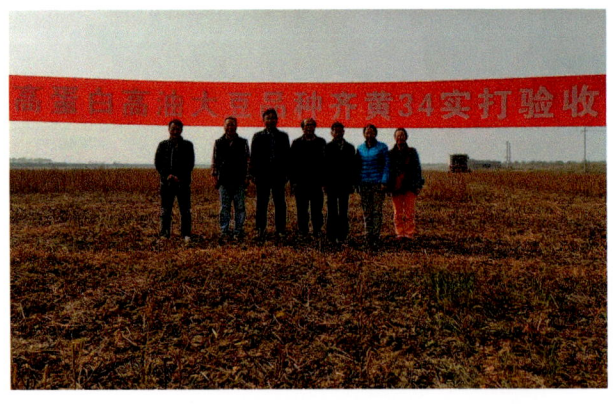

图 4-15　2021 年山西省永济市测产验收组专家

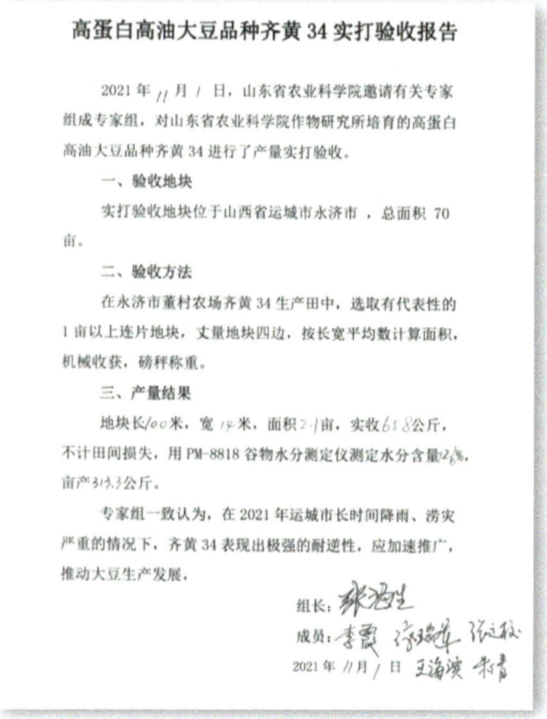

第四章 齐黄34高产创建与推广

高蛋白高油大豆品种齐黄34实打验收报告

2021年11月1日，山东省农业科学院邀请有关专家组成专家组，对山东省农业科学院作物研究所培育的高蛋白高油大豆品种齐黄34进行了产量实打验收。

一、验收地块

实打验收地块位于山西省运城市永济市，总面积70亩。

二、验收方法

在永济市董村农场齐黄34生产田中，选取有代表性的1亩以上连片地块，丈量地块四边，按长宽平均数计算面积，机械收获，磅秤称重。

三、产量结果

地块长100米，宽14米，面积2.1亩，实收658公斤，不计田间损失，用PM-8818谷物水分测定仪测定水分含量12.6%，亩产343.3公斤。

专家组一致认为，在2021年运城市长时间降雨、涝灾严重的情况下，齐黄34表现出极强的耐逆性，应加速推广，推动大豆生产发展。

组长：
成员：
2021年11月1日

图4-16　2020年山西省永济市测产报告

（7）山东省垦利区

2021年10月18日，山东省农业科学院邀请有关专家组成测产专家组，对山东省农业科学院作物研究所培育的齐黄34进行产量实打验收。收获前土壤盐分含量0.3%，实收面积每亩产量达302.6 kg，创盐碱地大豆高产纪录（图4-17，图4-18）。

图4-17　2021年山东省东营市垦利区测产验收组专家

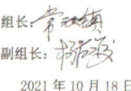

图 4-18　2021 年山东省垦利区测产报告

（8）山东省禹城市

2022 年 10 月 15 日，农业农村部组织有关专家，对山东省禹城市大豆玉米带状复合种植示范点进行现场测产验收，示范点大豆、玉米种植品种分别为齐黄 34 和 MY73，经专家测产大豆玉米带状复合种植大豆产量每亩达 165.1 kg，创大豆玉米间作高产纪录（图 4-19，图 4-20）。

图 4-19　2022 年山东省禹城市玉米大豆带状复合种植测产现场

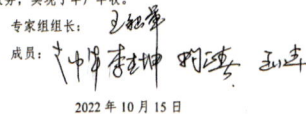

图 4-20　2022 年山东省禹城市测产报告

二、齐黄 34 高产稳产

齐黄 34 的产量因素之间协调能力强，增产潜力大，连续多年在黄淮海地区实现大面积高产稳产（表 4-2）。2018 年，山东禹城 5 万亩齐黄 34 生产田的验收平均亩产 267.54 kg，增产 33.77%。2019 年，山东陵城 5 万亩齐黄 34 生产田的验收平均亩产 277.48 kg，增产 38.74%。

表 4-2　齐黄 34 在黄淮海地区大面积生产测产验收结果

年份	地点	面积（亩）	亩产量（kg）
2012	山东省嘉祥县大张乡	402	268.30
2016	安徽省宿州市埇桥区	350	253.00
2017	江苏省睢宁县庆安镇	1 020	275.10
2018	山东省禹城市房寺镇等	50 000	267.54
2019	山东省德州市陵城区临齐街道等	50 000	277.48

续表

年份	地点	面积（亩）	亩产量（kg）
2019	河南省安阳县孙高丽村	300	280.87
2020	河北省藁城区兴安镇	260	271.87
2020	天津市武清区崔黄口镇	150	268.50
2022	山东省东营市河口区河口街道	300	329.30

第二节　齐黄34的"七动"推广体系

为了加快齐黄34的推广，促进科技成果转化，推动大豆生产发展，满足我国对优质绿色大豆的需求，在各级农业主管部门的大力支持下，以及在相关企业的紧密配合下，经过多年的探索，建立了"政府推动、企业主动、科企联动、科技示范带动、高产竞赛拉动、加工驱动、媒体互动"的齐黄34高效推广体系。这一体系的建立与应用，实现了社会、企业、农民与科研的多方共赢，科技成果得以快速转化，大豆生产得到大力推动，农民实现增收，企业实现增效。通过这一体系，齐黄34已累计推广超过4 000万亩，增产大豆120多万吨，农民增收超过48亿元，企业经济效益增加超过16 000万元。通过介绍齐黄34"七动"推广体系的建设和应用情况，以期为农作物新品种推广提供参考。

一、政府是农业科技成果推广的坚强后盾，促进大豆生产快速发展

大豆是我国进口量最大的主要农作物。我国每年进口大豆8 000万t以上，对进口大豆的依存度高达80%以上。巨大的需求使我国各级政府都十分重视大豆生产，出台了一系列推动大豆生产发展的政策措施。优良品种作为大豆生产的核心，同样受到各级政府和科技、农业主管部门的高度重视。在齐黄34的推广过程中，科学技术部设立的农业科技成果转化资金项目、农业农村部组织的大豆高产创建活动和轮作休耕（扩种大豆）政策都有效推动了齐黄34的推广，使科技成果尽快转化为生产力，推动了大豆生产发展。在科学技术部农业科技成果转化资金项目"双高、广适夏大豆新品种齐黄34生产技术试验与示范"的支持下，

开展了齐黄 34 配套栽培技术的研究与示范，分别在山东省德州、济南、临沂、济宁、菏泽、滨州、淄博等地进行了播期和密度试验、晚播试验、播种机播种试验、肥水耦合试验、间作套种试验等。根据各试验结果，研究形成了大豆生产各关键环节的单项技术，在此基础上集成了"夏大豆一三三高产栽培技术"，为齐黄 34 的推广提供了技术支撑。

在农业农村部组织的大豆高产创建活动支持下，与嘉祥、鄄城、梁山、东平等项目实施县农业局合作，以齐黄 34 为核心品种，以夏大豆一三三高产栽培技术为指导，开展了高产创建活动，各县齐黄 34 实打验收均达到 3 750 kg/hm² 以上，其中 2013 年在甘肃靖远县 1.6 亩实打验收 5 029.50 kg/hm²，创造了甘肃省大豆高产纪录。2014 年在山东省嘉祥县 3 点实打验收分别达到 4 706.25 kg/hm²、4 647.15 kg/hm² 和 4 621.50 kg/hm²，刷新了山东省大豆高产纪录，为提高大豆产量探索了新途径。

在国家轮作休耕（扩种大豆）项目的支持下，与山东禹城、东阿、东平、嘉祥、鄄城、山亭、东明等县市区农业农村局合作，以齐黄 34 为核心品种，以夏大豆一三三高产栽培技术为指导，开展了大面积扩种大豆，经实打验收最高产量 4 624.05 kg/hm²，其中禹城市 5 万亩平均单产 4 013.1 kg/hm²，推动了齐黄 34 的推广应用，也推动了大豆生产发展。

二、企业是农业科技成果推广的主体，推动大豆生产发展

在齐黄 34 参加山东省大豆品种区域试验期间，山东祥丰种业有限责任公司注意到齐黄 34 与其他品种的不同以及推广潜力，持续跟踪试验，关注试验结果，收集试验种子，加快繁育速度，扩大繁育规模。2012 年齐黄 34 刚刚通过山东省审定，山东祥丰种业有限责任公司便掌握了大量的原种，开展了大规模扩繁，同时在黄淮海地区大范围安排试种观察试验。2013 年齐黄 34 通过国家黄淮海中片审定，许多客户开始争相购买，并在 2014 年迅速形成齐黄 34 良种的销售高潮，并持续至今。在发现齐黄 34 是一个突破性品种后，山东祥丰种业有限责任公司连续组织召开 10 余场现场观摩会，对品种的推广发挥了积极作用。

2019 年 2 月齐黄 34 品种生产经营权第一轮转让合同到期后，进行了齐黄 34 生产经营权的公开招标。得到消息后，山东圣丰种业科技有限公司、山东祥丰种业有限责任公司、山东鲁研农业良种有限公司、山东俊豪种业有限公司、嘉祥秋收种业有限公司、山东圣地种业有限公司、山东腾飞种业有限公司等 10 余家有影响力的种业公司均表现出极大的兴趣。经过 3 轮报价和谈判，最终山东圣丰种

业科技有限公司以合同金额1 800万元获得了2019年2月以后齐黄34的品种生产经营权。这一交易创造了我国夏大豆品种转让金额最高的纪录。

山东圣丰种业科技有限公司获得齐黄34的生产经营权以后,采取了一系列加快齐黄34的推广措施。首先成立了齐黄34的专业销售团队。团队由经验丰富的销售人员组成,专门负责齐黄34原良种繁育、销售、售后服务、维权打假等,并组织召开多场研讨会、订货会、观摩会等。专业团队的成立推动了齐黄34的推广。这一系列措施充分展现出企业主动作为的强大能量,进一步推动了齐黄34的推广,进而加速了大豆品种更新换代,推动了大豆生产发展。

三、科研是农业科技成果推广的源泉,增强品种推广的后劲和竞争力

农作物新品种的推广既涉及品种的推广,也包括以品种为核心的综合技术的推广。要发挥品种的生产潜力,需要全面的综合技术支撑。山东省农业科学院作物研究所拥有50多年的大豆研究历史,在大豆遗传、育种、栽培、耕作和植物保护等方面具有较强的技术储备。为了做好齐黄34的推广,该所与种业企业建立了良好的互动机制。在团队与山东圣丰种业科技有限公司的共同牵头下,成立了"齐黄34产业联盟"和"高蛋白大豆产业联盟"。联盟由具备优势的大豆科研、种业、生产和加工单位组成,旨在充分利用齐黄34在生产和加工方面的优势,打通各关键环节,有效解决大豆科研、种业、生产、销售和加工脱节的问题,提高综合经济效益,促进大豆产业发展。利用现代通信技术,团队与农技人员、种业企业、经销商、代理商、农业合作社、家庭农场和科技示范户等合作,建立了"齐黄34大豆群"和"齐黄34推广群"两个技术交流群,共有200多位成员,分布于山东、河北、河南、江苏、安徽、四川、甘肃和新疆等省区。通过微信群,成员可以随时提问推广和生产过程中出现的技术与政策问题,并得到及时、有效的解决。协助种业公司组织召开技术培训会和现场观摩会7次,培训农技人员、科技示范户和种植大户等1 730人次。根据企业需求和生产需要,在大豆播种、生长发育、田间管理和收获等关键环节,去生产基地和示范现场进行现场指导80余次。通过与企业的良好互动,解决了科学技术应用"最后一公里"的问题,提高了齐黄34推广的后劲和竞争力。

四、科技示范是农业科技成果推广的课堂,带动齐黄34的推广

根据各地的生态条件、种植制度、种植结构和种植习惯,在山东、安徽、江苏、河南、河北、甘肃、新疆、贵州、四川等省区建立了齐黄34的春播、夏播、

单作、间作、耕作、机械化播种和高产栽培技术等科技示范田 40 余处，生动地展示了齐黄 34 在不同生态条件、不同种植制度、不同种植结构、不同耕作方式和不同种植习惯下的产量潜力、抗逆性和适应性，加深了当地科研人员、基层农业技术人员、科技示范户和农民对齐黄 34 的了解，带动了齐黄 34 的推广。

先后在山东省禹城、高唐、垦利、冠县、东阿、东平、嘉祥、鄄城、东明、金乡等县市区进行了齐黄 34 麦茬夏播试验示范，示范面积 0.1~300 hm²，实收产量均在 3 760 kg/hm² 以上，最高产量 4 706.25 kg/hm²，充分展示了齐黄 34 的稳产性。在山东省禹城、平阴、鄄城、牡丹、高唐和甘肃省庆阳、广西南宁等地进行了齐黄 34 与玉米、果树、花卉间作试验示范。在玉米不减产的情况下，齐黄 34 产量可达 900~1 800 kg/hm²，表现出很好的耐阴性和间作适应性。在甘肃靖远、新疆图木舒克、四川江油、贵州贵阳和大方等地，进行了齐黄 34 春播试验示范。甘肃靖远和新疆图木舒克分别达到 5 029.5 kg/hm² 和 4 834.95 kg/hm²。四川江油产量 3 000 kg/hm² 以上，较当地品种产量翻番。贵州大方等地产量均在 3 000 kg/hm² 以上，较当地品种增产达 20% 以上。齐黄 34 在西北春大豆区和西南山区春大豆区均表现出很好的适应性。2010 年山东嘉祥县种羊场，齐黄 34 鼓粒期淹水 20 余天，仍正常成熟，产量 3 000 kg/hm² 以上。2013 年在山东金乡县胡集镇，齐黄 34 苗期淹水 10 余天，最后收获产量 3 975 kg/hm²。2017 年、2018 年在山东东平县和江苏徐州市齐黄 34 花荚期淹水 20 余天，收获产量均在 3 000 kg/hm² 以上。多年多地试验示范和生产实践表明，齐黄 34 表现出极强的耐涝性。在甘肃陇东旱塬区大面积试验示范，齐黄 34 表现出很好的耐旱性，多年多点春播产量稳定在 3 750 kg/hm² 以上，已成为当地的主导品种。在山东东营盐分含量 0.3% 的盐碱地夏播齐黄 34 产量 2 395.8 kg/hm²。在新疆图木舒克盐分含量 0.4%，pH 值为 8 的盐碱地膜下滴灌春播，齐黄 34 产量 4 275 kg/hm²。齐黄 34 表现出一定的耐盐碱能力。通过大范围试验示范，齐黄 34 的优良特性得以充分展现，进一步带动了齐黄 34 的推广。

五、高产竞赛是农业科技成果推广的擂台，拉动大豆单产水平提高

高产是大豆生产永恒的主题。为挖掘齐黄 34 的产量潜力，提高大豆生产整体水平，与山东祥丰种业有限责任公司、山东圣丰种业科技有限公司、山东省禹城市农业农村局等合作，组织开展了齐黄 34 高产竞赛活动。活动设立一、二、三等奖，特别对齐黄 34 夏播实打验收超过 4 500 kg/hm²、春播超过 5 250 kg/hm² 的种植户给予 2 万元的奖励，对大面积高产地块也给予不同奖励，已有 11 人次

得到奖励。山东省嘉祥县的王崇计、李明放、张俊和和山东省禹城市的王先林等种植的齐黄34实打验收分别达到4 706.25 kg/hm², 4 647.16 kg/hm², 4 621.50 kg/hm² 和 4 624.05 kg/hm², 既实现了同一大豆品种夏播多年多点实收产量超过4 500 kg/hm², 也刷新了山东省大豆高产纪录, 同时创造了甘肃省大豆实收产量5 029.5 kg/hm²的高产纪录, 也带动了大豆大面积高产, 其中山东省禹城市5万亩齐黄34测产验收4 013.10 kg/hm²。高产竞赛活动调动了农民种植齐黄34的积极性, 推动了大豆生产技术的提高, 加速了齐黄34的推广。

六、加工利用是农业科技成果的最终目标，驱动大豆品种的推广应用

大豆的加工潜力大，产业链长。齐黄34是一个蛋白质和脂肪含量均较高的大豆品种，赖氨酸等多种氨基酸的含量也较为丰富。在大豆蛋白加工、豆腐、豆浆等传统豆制品加工，以及保健品加工等方面，齐黄34具有较高的利用价值。经过多年多点测定，齐黄34的蛋白质平均含量为42.82%，最高可达44.75%；脂肪平均含量为20.44%，最高可达22.56%。蛋白质和脂肪的总和平均为63.26%，最高为64.03%，符合国家双高品种标准。实验表明，齐黄34豆腐的质量得率可达265.40%，保水性为74.26%，含水率为79.24%，硬度为392.00 g，加工所得豆腐口感细腻爽滑。

利用齐黄34的品质优势，与山东禹王集团、山东香驰集团、山东万得福集团、山东新瑞生物科技有限公司等大豆蛋白加工企业，山东豆黄金食品有限公司、山东惠民豆制品有限公司、淄博齐韵食品有限公司、垦利兴国豆腐等豆制品加工企业合作，为他们提供品种，进行技术指导，大规模发展生产基地，进行订单生产，累计面积超过2万hm²，既为加工企业解决了优质大豆原料缺乏的问题，实现了产品提质升级，也为种植户解决了大豆销售难的问题，还增加了农业收入，从而驱动了齐黄34的推广。

七、媒体拥有强大的社会影响力，加速齐黄34推广

农作物品种推广是一个让企业、种植户和消费者认知的过程。媒体是社会认识品种最简便的途径。要实现政府推动、科技示范带动和高产竞赛拉动的效果，必须有媒体的参与和良好的互动。政府在推动科学技术进步和落实产业发展政策措施时，必须通过媒体进行宣传。科技示范的特点、先进性及适用范围等，只有通过媒体的客观真实介绍，才能为广大民众所认知、接受和实践。高产竞赛的目标、方法和效果，也需通过媒体的鼓动，才能激发大家积极参与，促进大豆生产

的发展。在齐黄 34 推广过程中，作者团队与中央电视台、《农民日报》《科技日报》、人民网、山东卫视、山东人民广播电台、《大众日报》《农村大众》和《山东科技报》等媒体保持紧密合作，发挥了良好的推动作用。

在国家广播电视总局电影局的支持下，山东电影制片厂制作了科教片《土地里的金豆豆——齐黄 34》。此片参与了山东电视台科教频道的节目 4 次，山东人民广播电台的广播节目 3 次，电视新闻报道 5 次。《农民日报》《科技日报》《大众日报》和人民网分别报道了 2 次，《农村大众》报道了 3 次，《山东科技报》报道了 6 次。该片系统介绍了齐黄 34 的特点、在各地的表现、应用前景和配套栽培技术等。这不仅为齐黄 34 的快速大面积推广发挥了不可替代的作用，也推动了大豆生产水平的提高和大豆产业的发展。一个好的农作物品种要发挥推动农业生产的作用，需要政府、企业、科研和社会的共同努力。齐黄 34 的快速推广既得益于政府政策和项目的推动，以及政府主管部门的重视；也得益于企业的主动作为，种业企业的良种繁育加工体系和推广网络发挥了重要作用；同时，还得益于加工企业的认可和媒体的宣传，这些因素缺一不可。

附录 1
齐黄 34 国家和不同省份审定公告

一、国家审定——黄淮海中片

审定编号：国审豆 2013009

作物名称：大豆

品种名称：齐黄 34

申 请 者：山东省农业科学院作物研究所

育 种 者：山东省农业科学院作物研究所

品种来源：诱处 4 号 /86573-16

特征特性：普通型夏大豆品种，黄淮海夏播生育期平均 108 d，与对照邯豆 5 号相当。株型半收敛，有限结荚习性。株高 68.8 cm，主茎 15 节，有效分枝 1.2 个，底荚高度 21.4 cm，单株有效荚数 32.0 个，单株粒数 68.6 粒，单株粒重 18.6 克，百粒重 26.9 g。卵圆叶，白花，棕毛。籽粒圆形，种皮黄色、无光，种脐黑色。接种鉴定，中感花叶病毒病 3 号和 7 号株系，高感胞囊线虫病 1 号生理小种。粗蛋白含量 42.58%，粗脂肪含量 19.97%。

产量表现：2010—2011 年参加黄淮海夏大豆中片组品种区域试验，两年平均亩产 198.6 kg，比对照邯豆 5 号增产 5.4%。2012 年生产试验，平均亩产 217.6 kg，比邯豆 5 号增产 12.0%。

栽培技术要点：①一般 6 月中下旬播种，条播行距 40～50 cm。②亩种植密度，高肥力地块 11 000 株，中等肥力地块 13 000 株，低肥力地块 17 000 株。③亩施腐熟有机肥 1 000 kg，鼓粒期亩追施三元复合肥 10 kg，叶面喷施磷酸二氢钾 3 次。

审定意见：该品种符合国家大豆品种审定标准，通过审定。适宜在山东中部、河南东北部及陕西关中平原地区夏播种植。胞囊线虫病发病区慎用。

二、国家审定——黄淮海北片

审定编号：国审豆 20180020

作物名称：大豆

品种名称：齐黄 34

申 请 者：山东省农业科学院作物研究所

育 种 者：山东省农业科学院作物研究所

品种来源：诱处 4 号 /86573-16

特征特性：黄淮海夏大豆品种，夏播生育期平均 105 d，比对照冀豆 12 晚熟 1 d。株型收敛，有限结荚习性。株高 87.6 cm，主茎 17.1 节，有效分枝 1.3 个，底荚高度 23.4 cm，单株有效荚数 38.0 个，单株粒数 89.3 粒，单株粒重 23.1 g，百粒重 28.6 g。卵圆叶，白花，棕毛。籽粒椭圆形，种皮黄色、无光，种脐黑色。接种鉴定，高抗花叶病毒病 3 号株系，抗花叶病毒病 7 号株系，高感胞囊线虫病 1 号生理小种。籽粒粗蛋白含量 43.07%，粗脂肪含量 19.71%。

产量表现：2016—2017 年参加黄淮海夏大豆北片品种区域试验，两年平均亩产 225.97 kg，比对照增产 5.39%。2017 年生产试验，平均亩产 210.14 kg，比对照冀豆 12 增产 3.01%。

栽培技术要点：①6 月上中旬播种；②亩种植密度 12 000～15 000 株；③鼓粒初期亩追施氮磷钾复合肥 10 kg。

审定意见：该品种符合国家大豆品种审定标准，通过审定。适宜在北京、天津、河北中部和东南部、山东北部地区夏播种植。根据《中华人民共和国公告第 2424 号》，该品种还适宜在山东中部、河南东北部及陕西关中平原地区夏播种植。胞囊线虫病发病区慎用。

三、国家审定——热带亚热带区

审定编号：国审豆 20220054

作物名称：大豆

品种名称：齐黄 34

申 请 者：山东省农业科学院作物研究所

育 种 者：山东省农业科学院作物研究所

品种来源：诱处 4 号 /86573-16

特征特性：热带亚热带春大豆高蛋白 / 高油型品种，生育期平均 98 d，比对照华春 2 号早熟 1 d。株型收敛，有限结荚习性。株高 41.5 cm，主茎 9.7 节，有效分枝 1.0 个，底荚高度 7.4 cm，单株有效荚数 26.0 个，单株粒数 52.0 粒，单株粒重 12.9 g，百粒重 27.8 g。卵圆叶，白花，棕毛。籽粒椭圆形，种皮黄色、微光，种脐黑色。接种鉴定，抗花叶病毒病 15 号株系，抗花叶病毒病 18 号株系，感炭疽病。籽粒粗蛋白含量 45.00%，粗脂肪含量 22.45%。

产量表现： 2019—2021 年参加热带亚热带地区春大豆区域试验，两年平均亩产 149.5 kg，比对照华春 2 号增产 3.3%。2021 年生产试验，平均亩产 149.0 kg，比对照华春 2 号增产 3.2%。

栽培技术要点： ①适时播种，一般 2 月中下旬至 4 月上旬播种，条播行距 40 cm、株距 10 cm。②种植密度，2.2 万株/亩。③高地块肥力不需要施肥，中等肥力地块亩施氮磷钾三元复合肥 5~10 kg，低肥力地块亩施尿素 5~6 kg、重过磷酸钙 30~40 kg、硫酸钾 40 kg。④鼓粒期注意防治点蜂缘蝽，收获期避开降雨收获。

审定意见： 该品种符合国家大豆品种审定标准，通过审定。适宜在广东、广西、福建、海南、湖南南部和江西南部地区春播种植。

四、山东省审定

审定编号： 鲁农审 2012026 号
作物名称： 大豆
品种名称： 齐黄 34
申 请 者： 山东省农业科学院作物研究所
育 种 者： 山东省农业科学院作物研究所
品种来源： 常规品种，系诱处 4 号与 86573-16 杂交后系统选育
特征特性： 属中熟夏大豆品种，有限结荚习性。区域试验结果：生育期 103 d，比对照菏豆 12 号早熟 1 d；株型收敛，株高 72.9 cm，有效分枝 1.3 个，主茎 16 节；圆叶、白花、棕毛、落叶、不裂荚；单株粒数 67 粒，籽粒椭圆形，种皮黄色、无光泽，种脐黑色，百粒重 25.8 g。2009—2010 年经农业部谷物品质监督检验测试中心品质分析（干基）：蛋白质含量 43.5%，脂肪 19.9%。2009 年经南京农业大学国家大豆改良中心抗病性接种鉴定：高抗 SC-3 和 SC-7 花叶病毒。

产量表现： 在 2009—2010 年全省夏大豆品种区域试验中，两年平均亩产 193.1 kg，比对照菏豆 12 号增产 4.3%；2011 年生产试验平均亩产 177.1 kg，比对照菏豆 12 号增产 5.3%。

五、江苏省审定——淮北区

审定编号：苏审豆 2015005

作物名称：大豆

品种名称：齐黄 34

申 请 者：山东省农科院作物研究所

育 种 者：山东省农科院作物研究所

品种来源：诱处 4 号 /86573-16

特征特性：幼茎基部绿色，植株直立，有限结荚习性，抗倒性较好。叶片卵圆形，白花，灰毛。成熟时荚黄色，弯镰形；落叶性好，不裂荚。籽粒椭圆形，种皮黄色、微光，种脐褐色，外观商品性较好。省区试平均结果：全生育期 105 d，比对照早 1 d，株高 59.5 cm，结荚高度 14.6 cm，主茎 14.3 节，有效分枝 2.0 个，单株结荚 37.7 个，每荚 2.1 粒，百粒重 23.6 g。品质经农业部谷物品质监督检验测试中心测定：粗蛋白质含量 43.7%，粗脂肪含量 19.1%。病害经南京农业大学国家大豆改良中心接种鉴定：中感大豆花叶病毒病 SC3 株系和 SC7 株系。

产量表现：2012—2013 年参加江苏省区试，两年平均亩产 205.7 kg，比对照徐豆 13 增产 5.4%，两年增产均达极显著水平。2014 年生产试验平均亩产 203.4 kg，比对照徐豆 13 增产 8.1%。

栽培技术要点：①轮作。选择前两茬未种过豆类作物的田块种植。②播种期。一般在 6 月上、中旬，播前晒种 1~2 d。亩用种 6 kg 左右。③种植密度。每亩留苗 1.0 万~1.4 万株；条播和点播行距 40 cm，撒播每平方米留苗 15~18 株。④肥水管理。一般基肥亩用纯氮 3 kg、五氧化二磷 3 kg、氧化钾 3 kg，花期视苗情亩追施纯氮 3 kg，鼓粒后期可喷施磷酸二氢钾。注意抗旱排涝，花荚期保持土壤湿润。⑤病虫草害防治。播前使用土壤杀虫剂防治地下害虫，播后及时防病治虫除草。

审定意见：审定通过。

六、江苏省审定——淮南区

审定编号：苏审豆 20180004

作物名称：大豆

品种名称：齐黄 34

申 请 者：山东省农业科学院作物研究所

育　种　者：山东省农业科学院作物研究所

品种来源：诱处 4 号 /86573-16

特征特性：早熟夏大豆品种。幼茎基部绿色，植株直立，有限结荚习性，抗倒性较好。叶片卵圆形，白花，棕毛。成熟时荚褐色，弯镰形，落叶性好，不裂荚。籽粒椭圆形，种皮黄色、微光，种脐黑色，外观商品性较好。省区试平均结果：全生育期 102 d，比对照通豆 7 号早 16.8 d；株高 47.2 cm，结荚高度 13.4 cm；主茎 13.3 节，有效分枝 3.0 个；单株结荚 40.7 个，每荚 2.2 粒，百粒重 24.2 g。经农业部谷物品质监督检验测试中心测定：粗蛋白质含量 43.71%，粗脂肪含量 20.08%。经南京农业大学国家大豆改良中心接种鉴定：抗大豆花叶病毒病 SC3 株系和 SC7 株系。

产量表现：2016—2017 年度参加江苏省淮南夏大豆区域试验，两年平均亩产 178.20 kg，较对照通豆 7 号增产 3.34%。2017 年度参加生产试验，平均亩产 168.55 kg，较对照通豆 7 号增产 2.61%。

栽培技术要点：①田块选择。选择前两茬未种过豆类作物的田块种植。②适期播种。6 月中下旬播种，播前晒种 1~2 d，亩用种 6 kg 左右。③适宜密度。每亩留苗 1.5 万~2.0 万株；条播和点播行距 40 cm，撒播每平方米留苗 22~30 株。④肥水管理。一般基肥亩用纯氮 3 kg、五氧化二磷 3 kg、氧化钾 3 kg；种肥同播氮磷钾复合肥 10 kg；花期视苗情亩追施纯氮 3 kg，鼓粒后期可喷施磷酸二氢钾。注意抗旱排涝，花荚期保持土壤湿润。⑤病虫草害防治。播前使用土壤杀虫剂防治地下害虫，播后及时防病治虫除草。⑥籽粒较大，对播种质量要求较高；收获期遇雨易诱发紫斑病，注意适时收获。

审定意见：通过审定，适宜在江苏省淮河以南、长江以北地区做夏播大豆种植。

七、贵州省审定

审定编号：黔审豆 20200003

作物名称：大豆

品种名称：齐黄 34

申　请　者：山东省农业科学院作物研究所

育　种　者：山东省农业科学院作物研究所

品种来源：诱处 4 号 /86573-16

特征特性：全生育期 116.4 d，比对照黔豆 7 号晚 3.7 d。株高 44.7 cm，底荚高度 10.2 cm，主茎节数 10.1 个，分枝数 1.0 个，单株荚数 25.5 个，单株粒数 45.1 粒，百粒重 29.0 g，完好粒率 89.3%。白花，棕毛，有限结荚习性。种皮黄色，种脐黑色。经品质检测：粗蛋白质含量 45.37%，粗脂肪含量 21.95%，蛋白+脂肪总含量为 66.42%。经贵州省植物保护研究所通过人工接种诱发鉴定：中感花叶病毒病。

产量表现：2018 年省区试平均亩产 190.9 kg，比对照增产 12.0%；2019 年续试平均亩产 167.3 kg，比对照增产 2.5%。两年平均亩产 179.1 kg，比对照增产 7.4%，11 个试点 9 增 2 减，增产点率 81.8%。2019 年生产试验平均亩产 154.0 kg，比对照增产 1.5%，5 个试点 4 增 1 减，增产点率 80%。

栽培技术要点：4 月足墒播种，适宜密度 16 000~17 000 株/亩。播种时，每亩施氮磷钾复合肥 10 kg 做种肥；鼓粒初期，追施氮磷钾复合肥 5~10 kg；鼓粒中后期，每 7~10 d 喷施磷酸二氢钾 1 次。开花结荚期、鼓粒期遇旱及时浇水。及时防治害虫。

审定意见：适宜贵州省大豆种植区种植。花叶病毒病重发区慎用。

八、四川省审定

审定编号：川审豆 20220002
作物名称：大豆
品种名称：齐黄 34
申　请　者：山东省农业科学院作物研究所
育　种　者：山东省农业科学院作物研究所
品种来源：山东省农业科学院作物研究所利用诱处 4 号作母本，86573-16 作父本进行有性杂交，经系谱选择育成

特征特性：该品种属高油春大豆品种。有限结荚习性，下胚轴无花青甙显色，花冠白色，茸毛棕色，成熟荚呈黄褐色，籽粒椭球形，种皮黄色，子叶黄色，脐黑色。四川省两年区试：春播平均全生育期 111 d，比对照天隆一号晚熟 8.7 d；株高 45.1 cm，主茎节数 10.9 个，有效分枝 1.2 个，单株有效荚数 20.2 个，株粒数 46.3 粒，荚粒数 2.3 粒，株粒重 13.4 g，百粒重 31.3 g，完全粒率 82.7%。抗性接种鉴定：中感 SC3 和 SC7 大豆花叶病毒生理小种。品质测定：籽粒平均粗蛋白质含量 42.8%，粗脂肪含量 23.0%。

产量表现：2019 年参加四川省春大豆早熟组区试，平均亩产 172.92 kg，比对照天隆一号增产 10.1%；2020 年续试，平均亩产 203.81 kg，比对照增产 4.0%；

两年区试平均亩产 188.37 kg，比对照增产 6.7%，平均增产点率 77%。2021 年生产试验，平均亩产 202.18 kg，比对照增产 14.57%。

栽培技术要点：①适宜播种期：3 月下旬至 4 月中旬；②种植密度：净作亩植 1.6 万株左右；③田间管理：重施底肥，看苗酌施提苗肥，增施花荚肥；④病虫防治：苗期注意防治地下害虫和叶面害虫，花荚期注意防治豆荚螟及鼠害。

审定意见：该品种符合四川省大豆品种审定标准，通过审定。适宜四川省平坝丘陵及低山区春播种植。

附录 2
齐黄 34 衍生品种审定公告

一、齐黄 34 衍生品种汇总表

序号	名称	审定编号	审定时间	适宜区域
1	嘉豆 4 号	国审豆 20200034	2020 年	黄淮海南片
		皖审豆 20210011	2021 年	安徽省
2	圣豆 101	国审豆 20210081	2021 年	黄淮海南片
		国审豆 20232012	2023 年	长江流域
		国审豆 20231034	2023 年	黄淮海中片
3	山宁 29	鲁审豆 20210003	2021 年	山东省
		鄂审豆 20241011	2024 年	湖北省
4	圣育 6 号	国审豆 20231040	2023 年	黄淮海南片
		鲁审豆 20210008	2021 年	山东省
5	神州豆 4 号	国审豆 20241012	2024 年	黄淮海南片
		苏审豆 20220013	2022 年	江苏省
6	华豆 42	国审豆 20241020	2024 年	长江流域
7	圣豆 179	国审豆 20242002	2024 年	黄淮海南片
8	圣豆 115	国审豆 20242003	2024 年	长江流域
9	祥丰 4 号	鲁审豆 20190002	2019 年	山东省
10	安豆 5240	豫审豆 20200009	2020 年	河南省
11	神州豆 2 号	苏审豆 20210012	2021 年	江苏省
12	华豆 36	苏审豆 20210014	2021 年	江苏省
13	淮豆 15	苏审豆 20210021	2021 年	江苏省

续表

序号	名称	审定编号	审定时间	适宜区域
14	神州豆 3 号	苏审豆 20210022	2021 年	江苏省
15	祥丰 6 号	鲁审豆 20216013	2021 年	山东省
16	潍豆 20	鲁审豆 20220003	2022 年	山东省
17	南农 57	赣审豆 20220005	2022 年	江西省
18	华育 5 号	豫审豆 20220005	2022 年	河南省
19	圣育 1 号	鲁审豆 20220005	2022 年	山东省
20	南农 69	苏审豆 20220017	2022 年	江苏省
21	淮豆 20	苏审豆 20220022	2022 年	江苏省
22	嘉豆 6 号	苏审豆 20220024	2022 年	江苏省
23	道秋 15	鲁审豆 20226007	2022 年	山东省
24	圣地 4 号	鲁审豆 20226009	2022 年	山东省
25	嘉农 1 号	鲁审豆 20230003	2023 年	山东省
26	嘉科 1 号	鲁审豆 20230004	2023 年	山东省
27	菏育 88	鲁审豆 20230005	2023 年	山东省
28	圣育 102	苏审豆 20230007	2023 年	江苏省
29	华豆 20	苏审豆 20230012	2023 年	江苏省
30	圣育 24	鄂审豆 20230013	2023 年	湖北省
31	华豆 41	鄂审豆 20230016	2023 年	湖北省
32	华豆 13	鲁审豆 20236008	2023 年	山东省
33	潍豆 28	鲁审豆 20236011	2023 年	山东省
34	道秋 39	鲁审豆 20236012	2023 年	山东省
35	道秋 19	鲁审豆 20236014	2023 年	山东省
36	俊豆 11	鲁审豆 20236015	2023 年	山东省
37	祥星 1 号	皖审豆 2023L001	2023 年	安徽省
38	潍科 66	皖审豆 2023L002	2023 年	安徽省
39	振兴 1 号	皖审豆 2023L004	2023 年	安徽省
40	晨豆 1 号	鲁审豆 20240001	2024 年	山东省
41	渝豆 22	渝审豆 20240002	2024 年	重庆市
42	圣育 34	鲁审豆 20240003	2024 年	山东省

续表

序号	名称	审定编号	审定时间	适宜区域
43	圣冠1号	鲁审豆20240005	2024年	山东省
44	华豆56	鲁审豆20240006	2024年	山东省
45	圣豆122	鲁审豆20240007	2024年	山东省
46	华研2号	鲁审豆20240008	2024年	山东省
47	嘉农2号	鲁审豆20240009	2024年	山东省
48	嘉夏豆8号	鲁审豆20240010	2024年	山东省
49	农圣1号	鲁审豆20240011	2024年	山东省
50	潍豆30	鲁审豆20240014	2024年	山东省
51	郓豆6号	鲁审豆20240018	2024年	山东省
52	圣育31	鄂审豆20241016	2024年	湖北省
53	华豆33	鲁审豆20246019	2024年	山东省
54	临豆22	鲁审豆20246020	2024年	山东省
55	华豆18	鲁审豆20246021	2024年	山东省
56	合研56	鲁审豆20246023	2024年	山东省
57	圣地10	鲁审豆20246024	2024年	山东省
58	俊豆9号	鲁审豆20246026	2024年	山东省

二、审定公告

（一）嘉豆4号

1. 国家审定公告

审定编号：国审豆20200034

作物名称：大豆

品种名称：嘉豆4号

申 请 者：山东祥丰种业有限责任公司

育 种 者：山东祥丰种业有限责任公司

品种来源：皖宿5157/齐黄34

特征特性：黄淮海夏大豆品种，生育期平均98 d，比对照中黄13晚1 d。株型收敛，有限结荚习性。株高64.7 cm，主茎15.0节，有效分枝2.1个，底荚高度15.4 cm，单株有效荚数42.8个，单株粒数89.2粒，单株粒重18.0 g，百粒重

20.7 g。卵圆叶，白花，灰毛。籽粒椭圆形，种皮黄色、微光泽，种脐浅褐色。接种鉴定，抗花叶病毒病 3 号、7 号株系，高感胞囊线虫病 2 号生理小种。籽粒粗蛋白含量 44.86%，粗脂肪含量 19.02%。

产量表现：2018—2019 年参加黄淮海夏大豆南组品种区域试验，两年平均亩产 197.9 kg，比对照中黄 13 增产 8.7 %。2019 年生产试验，平均亩产 189.3 kg，比对照中黄 13 增产 9.0%。

栽培技术要点：①6 月上中旬播种，行距 40～50 cm；②亩种植密度，高肥力地块 10 000 株，中等肥力地块 11 000 株，低肥力地块 13 000 株；③亩施 1 000～2 000 kg 腐熟有机肥作基肥，氮磷钾三元复合肥 20 kg 或磷酸二铵 10 kg、硫酸钾 2.5 kg、尿素 2.5 kg 作种肥。

审定意见：该品种符合国家大豆品种审定标准，通过审定。适宜在山东南部、河南中南部、江苏和安徽两省淮河以北地区夏播种植。胞囊线虫病发病严重区慎用。

2. 安徽省审定公告

审定编号：皖审豆 20210011

作物名称：大豆

品种名称：嘉豆 4 号

申 请 者：山东祥丰种业有限责任公司

育 种 者：山东祥丰种业有限责任公司

品种来源：皖宿 5157/ 齐黄 34

特征特性：普通夏大豆品种。有限结荚习性，白花、灰茸毛，椭圆形叶片。籽粒椭圆形、黄色、淡褐脐。成熟时全落叶，不裂荚，抗倒伏。2018 年、2019 年两年区域试验结果：平均株高 61.4 cm、底荚高度 15.6 cm、主茎节数 14.6 个、有效分枝 2.9 个、单株荚数 34.0 个、单株粒数 70.9 粒、百粒重 20.9 g。全生育期 98 d 左右，比对照品种（中黄 13）迟熟 1 d。国家大豆改良中心（南京）抗性鉴定结果，2018 年对大豆花叶病毒流行株系 SC3 表现抗病（病情指数 9）、SC7 表现抗病（病情指数 13）；2019 年对 SC3 表现中抗（病情指数 26）、SC7 表现中感（病情指数 38）。农业农村部谷物品质监督检验测试中心（北京）检测结果，2018 年粗蛋白（干基）44.18%，粗脂肪（干基）19.26%；2019 年粗蛋白（干基）43.16%，粗脂肪（干基）19.15%。

产量表现：2018 年区域试验平均亩产 159.21 kg，较对照品种增产 6.32%（极显著）；2019 年区域试验平均亩产 196.43 kg，较对照品种增产 12.79%（极显著）。2020 年生产试验亩产 179.19 kg，较对照品种增产 4.57%。

栽培技术要点：适宜播期 6 月上中旬，种植密度 1.2 万～1.5 万株 / 亩；亩施 20 kg 氮磷钾复合肥；花荚期遇旱应及时浇水；注意防治病虫害。

审定意见：符合安徽省大豆品种审定标准，审定通过。适宜安徽省沿淮淮北夏大豆产区种植。

（二）圣豆 101

1. 国家审定公告

审定编号：国审豆 20210081

作物名称：大豆

品种名称：圣豆 101

申 请 者：山东圣丰种业科技有限公司

育 种 者：山东圣丰种业科技有限公司

品种来源：齐黄 34/ 阜 9027

特征特性：黄淮海夏大豆品种，生育期平均 97.0 d，比对照中黄 13 早 0.5 d。株型收敛，有限结荚习性。株高 62.0 cm，主茎 14.8 节，有效分枝 1.8 个，底荚高度 18.0 cm，单株有效荚数 36.3 个，单株粒数 80.6 粒，单株粒重 19.1 g，百粒重 24.0 g。卵圆叶，白花，棕毛。籽粒椭圆形，种皮黄色、微光，种脐浅褐色。接种鉴定，中抗花叶病毒病 3 号株系，抗花叶病毒病 7 号株系，高感胞囊线虫病 2 号生理小种。籽粒粗蛋白含量 41.34%，粗脂肪含量 20.06%。

产量表现：2018—2019 年参加黄淮夏大豆南片联合体区域试验，两年平均亩产 209.4 kg，比对照中黄 13 增产 13.8%。2019 年生产试验，平均亩产 212.9 kg，比对照增产 16.3%。

栽培技术要点：①播种日期：6 月中下旬。②播种方式：点播，行距 40～50 cm，株距 10～15 cm。③种植密度：高肥力地块 1.1 万株 / 亩，中等肥力地块 1.2 万株 / 亩，低肥力地块 1.3 万株 / 亩。④施肥：每亩施 25 kg 氮磷钾三元复合肥作基肥；初花期亩追施氮肥 10 kg。

审定意见：该品种符合国家大豆品种审定标准，通过审定。适宜在山东南部、河南南部、江苏和安徽两省淮河以北地区夏播种植。胞囊线虫病发病严重区慎用。

2. 国家审定公告

审定编号：国审豆 20232012

作物名称：大豆

品种名称：圣豆 101
申 请 者：山东圣丰种业科技有限公司
育 种 者：山东圣丰种业科技有限公司
品种来源：齐黄 34/ 阜 9027
特征特性：长江流域夏大豆早中熟普通型品种，生育期平均 98 d，比对照中豆 41 早熟 2 d。株型收敛，有限结荚习性。株高 60.3 cm，主茎 13.2 节，有效分枝 2.3 个，底荚高度 14.0 cm，单株有效荚数 42.1 个，单株粒数 77.0 粒，单株粒重 18.2 g，百粒重 23.8 g。椭圆叶，白花，棕毛。籽粒椭圆形，种皮黄色、微光，种脐深褐色。接种鉴定，抗花叶病毒病 3 号株系，中抗花叶病毒病 7 号株系。籽粒粗蛋白含量 40.51%，粗脂肪含量 20.69%。

产量表现：2020—2021 年参加长江流域夏大豆早中熟组绿色通道区域试验，两年平均亩产 208.16 kg，比对照中豆 41 增产 10.15%。2022 年生产试验，平均亩产 221.35 kg，比对照中豆 41 增产 7.5%。

栽培技术要点：①适时播种，一般在 5 月下旬至 6 月上旬播种，点播，行距 40~50 cm，株距 10~15 cm。②种植密度，高肥力地块 1.1 万株 / 亩，中等肥力地块 1.3 万株 / 亩，低肥力地块 1.5 万株 / 亩。③注意事项，施足底肥，一般亩施氮磷钾三元复合肥 30 kg 作基肥，花荚期亩追施氮肥 10 kg 或喷施叶面肥；及时防治病虫害，花荚期注意防治大豆蚜虫、豆秆黑潜蝇等虫害，根腐病等病害；成熟后及时收获。

审定意见：该品种符合国家大豆品种审定标准，通过审定。适宜在重庆市、湖北省、江西省和湖南省北部，安徽和江苏两省沿江地区，河南省南阳等地区夏播种植。

（三）山宁 29

1. 国家审定公告

审定编号：国审豆 20231034
作物名称：大豆
品种名称：山宁 29
申 请 者：济宁市农业科学研究院
育 种 者：济宁市农业科学研究院
品种来源：济 4113/ 齐黄 34
特征特性：黄淮海夏大豆高蛋白型品种，生育期平均 103 d，比对照齐黄 34 早 1 d。株型收敛，有限结荚习性。株高 64.1 cm，主茎 12.5 节，有效分枝

1.8 个，底荚高度 16.6 cm，单株有效荚数 33.9 个，单株粒数 72.0 粒，单株粒重 19.6 g，百粒重 28.2 g。卵圆形叶，白花，灰毛。籽粒椭圆形，种皮黄色、无光，种脐褐色。接种鉴定，抗花叶病毒病 3 号株系，抗花叶病毒病 7 号株系，高感胞囊线虫病 2 号生理小种。籽粒粗蛋白含量 45.40%，粗脂肪含量 18.19%。

产量表现：2020—2021 年参加黄淮海夏大豆中片区域试验，两年平均亩产 209.5 kg，比对照齐黄 34 增产 0.3%。2022 年生产试验，平均亩产 215.2 kg，比对照齐黄 34 增产 4.6%。

栽培技术要点：①适时播种，适宜播种时间 6 月中下旬，条播行距 40～50 cm。②种植密度，亩种植密度，高肥力地块 1.1 万株，中等肥力地块 1.3 万株，低肥力地块 1.5 万株。③注意事项，亩施氮磷钾三元复合肥 25 kg 作基肥，初花期亩追施氮肥 10 kg。及时灭除杂草、防治虫害，花荚期遇旱及时浇水、注意排涝。

审定意见：该品种符合国家大豆品种审定标准，通过审定。适宜在山东省中部，山西省南部，河南省中西部和北部，河北省南部，陕西省关中地区夏播种植。

2. 山东省审定公告

审定编号：鲁审豆 20210003

作物名称：大豆

品种名称：山宁 29

申 请 者：济宁市农业科学研究院

育 种 者：济宁市农业科学研究院

品种来源：常规品种，系济 4113/齐黄 34 杂交选育

特征特性：有限结荚习性，株型收敛、直立。区域试验结果：生育期 103 d，比对照菏豆 12 号早熟 2 d；株高 57.9 cm，有效分枝 1.7 个，主茎 12.7 节；圆叶、白花、灰毛、落叶、不裂荚；单株粒数 78.6 粒，籽粒椭圆形，种皮黄色、有光泽，种脐褐色，百粒重 24.6 g。2017 年经农业部谷物品质监督检验测试中心品质分析（干基）：粗蛋白质含量 46.4%，粗脂肪含量 18.3%。2017 年经南京农业大学国家大豆改良中心接种鉴定：高抗花叶病毒 3 号和 7 号株系。

产量表现：2018—2019 年参加全省夏大豆品种区域试验，两年平均亩产 217.9 kg，比对照菏豆 12 号增产 5.2%；2019 年生产试验平均亩产 219.5 kg，比对照菏豆 12 号增产 4.5%。

栽培技术要点：适宜播期为 6 月 10—25 日，密度为每亩 13 000～15 000 株，

其他管理措施同一般大田。

审定意见：全省适宜地区夏大豆品种种植利用。

3. 湖北省审定公告

审定编号：鄂审豆 20241011

作物名称：大豆

品种名称：山宁 29

申 请 者：济宁市农业科学研究院

育 种 者：济宁市农业科学研究院

品种来源：济 4113/ 齐黄 34

特征特性：属早熟高蛋白夏大豆品种。株型收敛，株高适中，茎秆直立，有限结荚习性。叶椭圆形，花白色，茸毛灰色。成熟荚浅褐色。籽粒长椭圆形，种皮、子叶黄色，种脐褐色。区域试验中株高 52.1 cm，主茎节数 11.2 个，分枝数 2.1 个，单株有效荚数 34.8 个，单株粒重 15.8 g，完全粒率 89.9%，百粒重 22.2 g，生育期 88.5 d，比中豆 53 短 4.0 d。病害鉴定为高抗大豆花叶病毒病 3 号株系和 7 号株系。品质经农业农村部谷物品质检验测试中心测定，含油量 18.76%，粗蛋白含量 49.18%。

产量表现：2022—2023 年参加湖北省夏大豆品种区域试验，两年区试平均亩产 207.91 kg，比对照中豆 53 增产 23.54%。其中：2022 年平均亩产 203.27 kg，比对照中豆 53 增产 24.25%；2023 年平均亩产 212.55 kg，比中豆 53 增产 22.86%。2023 年生产试验平均亩产 214.0 kg，比对照中豆 53 增产 14.93%。

栽培技术要点：①适时播种，合理密植。5 月下旬播种，根据肥力一般亩保苗 1.3 万～1.6 万株。②施足底肥，合理追肥。播前每亩施基肥（N：P：K=15：15：15）20 kg 左右，苗后及时间苗，达到合理群体密度，花期可每亩追施尿素 5～8 kg。③加强田间管理。注意清沟排渍，及时中耕除草；花期视苗情适时化控，防止倒伏；结荚鼓粒期遇干旱及时灌溉。④病虫害防治：注意防治紫斑病、根腐病和地老虎、蚜虫、斜纹夜蛾等病虫害。⑤适时收获。

审定意见：适于湖北省大豆种植区作夏大豆种植。

（四）圣育 6 号

1. 国家审定公告

审定编号：国审豆 20231040

作物名称：大豆

品种名称：圣育 6 号

申 请 者：嘉祥县华研农业科技中心

育 种 者：嘉祥县华研农业科技中心

品种来源：齐黄 34/ 郑 9525

特征特性：黄淮海夏大豆普通型品种，生育期平均 102 d，比对照中黄 13 晚熟 4 d。株型收敛，有限结荚习性。株高 61.3 cm，主茎 14.1 节，有效分枝 1.0 个，底荚高度 17.5 cm，单株有效荚数 34.7 个，单株粒数 68.4 粒，单株粒重 16.5 g，百粒重 24.7 g。卵圆形叶，紫花，棕毛。籽粒椭圆形，种皮黄色、微光，种脐黑色。接种鉴定，抗花叶病毒病 3 号株系，抗花叶病毒病 7 号株系，高感胞囊线虫病 2 号生理小种。籽粒粗蛋白含量 42.81%，粗脂肪含量 19.15%。

产量表现：2020—2021 年参加黄淮海夏大豆南片区域试验，两年平均亩产 199.4 kg，比对照中黄 13 增产 8.0%。2022 年生产试验，平均亩产 217.6 kg，比对照中黄 13 增产 8.7%。

栽培技术要点：①适时播种，6 月上、中旬播种。②种植密度，1.2 万～1.5 万株 / 亩，高肥力地块 1.2 万株，中等肥力地块 1.3 万株，低肥力地块 1.5 万株。③注意事项，密度不宜太大，防止施肥太多造成疯长倒伏；抓好全苗，防止田间积水受涝，花期不能缺水；后熟期防涝；根据需要及时防除病虫草害。

审定意见：该品种符合国家大豆品种审定标准，通过审定。适宜在山东省南部，河南省南部和东部，江苏和安徽两省淮河以北地区夏播种植。胞囊线虫病发病严重区慎用。

2. 山东省审定公告

审定编号：鲁审豆 20210008

作物名称：大豆

品种名称：圣育 6 号

申 请 者：嘉祥县华研农业科技中心

育 种 者：嘉祥县华研农业科技中心

品种来源：常规品种，系齐黄 34/ 郑 9525 杂交选育

特征特性：有限结荚习性，株型收敛、直立。区域试验结果：生育期 108 d，比对照菏豆 12 号晚熟 2 d；株高 67.4 cm，有效分枝 1.7 个，主茎 15.1 节；圆叶、紫花、棕毛、落叶、不裂荚；单株粒数 80.7 粒，籽粒椭圆形，种皮黄色、有光泽，种脐黑色，百粒重 24.1 g。2018 年经农业农村部谷物品质监督检验测试中心品质分析（干基）：粗蛋白质含量 43.9%，粗脂肪含量 18.3%。2018 年经南京农业大学国家大豆改良中心接种鉴定：抗花叶病毒 3 号株系，中抗花叶病毒 7 号

株系。

产量表现：2018—2019 年参加全省夏大豆品种区域试验，两年平均亩产 228.0 kg，比对照菏豆 12 号增产 9.9%；2020 年生产试验平均亩产 214.0 kg，比对照菏豆 12 号增产 7.9%。

栽培技术要点：适宜播期为 6 月 10—25 日，密度为每亩 13 000～15 000 株，其他管理措施同一般大田。

审定意见：全省适宜地区夏大豆品种种植利用。

（五）神州豆 4 号

1. 国家审定公告

审定编号：国审豆 20241012

作物名称：大豆

品种名称：神州豆 4 号

申 请 者：江苏神州种业科技有限公司

育 种 者：江苏神州种业科技有限公司

品种来源：02-34/ 齐黄 34

特征特性：黄淮海夏大豆普通型品种，生育期平均 102 d，比对照中黄 13 晚熟 4 d。株型收敛，有限结荚习性。株高 71.8 cm，主茎 16.1 节，有效分枝 1.4 个，底荚高度 18.6 cm，单株有效荚数 32.7 个，单株粒数 73.2 粒，单株粒重 18.8 g，百粒重 26.5 g。披针形叶，白花，灰毛。籽粒椭圆，种皮黄色、微光，种脐褐色。接种鉴定，中抗花叶病毒病 3 号株系，抗花叶病毒病 7 号株系，高感胞囊线虫病 2 号生理小种（株系）。籽粒粗蛋白含量 42.93%，粗脂肪含量 20.01%。

产量表现：2021—2022 年参加黄淮海夏大豆南片组区域试验，两年平均亩产 205.8 kg，比对照中黄 13 增产 5.4%。2023 年生产试验，平均亩产 201.8 kg，比对照皖豆 37 增产 3.5%。

栽培技术要点：①适时播种，6 月上中旬足墒播种，播种方式：条播行距 40～50 cm，株距 10～13 cm。②种植密度，亩种植密度 1.0 万～1.3 万株；高肥力地块 1.0 万株 / 亩，中等肥力地块 1.1 万～1.2 万株 / 亩，低肥力地块 1.3 万株 / 亩。亩施尿素 5 kg、磷肥 20 kg、硫酸钾 15 kg 或亩施氮磷钾复合肥 15～20 kg。

审定意见：该品种符合国家大豆品种审定标准，通过审定。适宜在山东省南部、河南省东部和南部、江苏和安徽两省淮河以北地区夏播种植。胞囊线虫病发病严重区慎用。

2. 江苏省审定公告

审定编号：苏审豆20220013
作物名称：大豆
品种名称：神州豆4号
申 请 者：江苏神州种业科技有限公司
育 种 者：江苏神州种业科技有限公司
品种来源：02-34/齐黄34

特征特性：中熟夏大豆品种。植株直立，有限结荚习性。叶片披针形，白花，棕毛。成熟时荚褐色，弯镰形。落叶性好，不裂荚。籽粒椭圆形，种皮黄色、微光，种脐褐色，外观商品性较好。全生育期101.5 d，与对照徐豆13相当。株高65.1 cm，结荚高度14.2 cm，主茎13.8节，有效分枝2.2个，单株结荚33.3个，每荚2.5粒，单株粒重22.1 g，百粒重26.8 g。经农业农村部谷物品质监督检验测试中心检测：粗蛋白质含量42.5%，粗脂肪含量19.9%。经国家大豆改良中心接种鉴定：中抗大豆花叶病毒病SC3株系，抗大豆花叶病毒病SC7株系。

产量表现：2019—2020年参加江苏省淮北夏大豆区试，两年平均亩产225.7 kg，比对照徐豆13增产7.9%。2021年参加生产试验，平均亩产209.0 kg，比对照徐豆13增产6.7%。

栽培技术要点：①轮作。避免重茬，建议轮作。②适期播种。一般6月上中旬播种，亩用种4~5 kg，播前晒种1~2 d。③适宜密度。每亩留苗1.2万株左右，中低产田或迟播应适当增加留苗数。④肥水管理。一般基肥亩用纯氮3 kg、五氧化二磷3 kg、氧化钾3 kg；花期视苗情亩追施纯氮2~3 kg，鼓粒后期可喷施磷酸二氢钾。注意抗旱排涝，花荚期保持土壤湿润。⑤病虫草害防治。播前使用土壤杀虫剂防治地下害虫，播后及时防病治虫除草。

审定意见：通过审定，适宜在江苏省淮北地区作夏大豆种植。

（六）华豆42

审定编号：国审豆20241020
作物名称：大豆
品种名称：华豆42
申 请 者：山东华亚农业科技有限公司
育 种 者：山东华亚农业科技有限公司
品种来源：齐黄34/菏豆12

特征特性：长江流域夏大豆早中熟组普通型品种，生育期平均98 d，比对照中豆41早熟2 d。株型收敛，有限结荚习性。株高60.1 cm，主茎12.9节，有效分枝1.6个，底荚高度15.5 cm，单株有效荚数43.1个，单株粒数88.7粒，单株粒重16.8 g，百粒重20.1 g。披针形叶，白花，灰毛。籽粒圆形，种皮黄色、微光，种脐黄色。接种鉴定，中抗花叶病毒病3号株系，抗花叶病毒病7号株系，中抗炭疽病。籽粒粗蛋白含量44.67%，粗脂肪含量18.80%。

产量表现：2022—2023年参加长江流域夏大豆早中熟组区域试验，两年平均亩产214.2 kg，比对照中豆41增产7.9%。2023年生产试验，平均亩产210.9 kg，比对照中豆41增产8.1%。

栽培技术要点：①适时播种，5月下旬至6月上旬播种。②种植密度，亩种植密度1.2万~1.5万株，高肥力地块1.2万株，中等肥力地块1.3万株，低肥力地块1.5万株。③注意事项，亩施氮磷钾三元复合肥20~30 kg作基肥，花荚期亩追施尿素5 kg。

审定意见：该品种符合国家大豆品种审定标准，通过审定。适宜在江苏和安徽沿江地区、河南南部、江西北部、重庆、湖北、湖南北部地区夏播种植。

（七）圣豆179

审定编号：国审豆20242002

作物名称：大豆

品种名称：圣豆179

申 请 者：山东圣丰种业科技有限公司

育 种 者：山东圣丰种业科技有限公司

品种来源：齐黄34/豫豆22

特征特性：黄淮海夏大豆普通型品种，生育期平均103 d，比对照中黄13晚熟3 d。株型收敛，有限结荚习性。株高70.6 cm，主茎14.8节，有效分枝1.1个，底荚高度18.0 cm，单株有效荚数36.8个，单株粒数71.0粒，单株粒重21.3 g，百粒重25.5 g。卵圆形叶，白花，灰毛。籽粒椭圆，种皮黄色、微光，种脐褐色。接种鉴定，中抗花叶病毒病3号株系，中抗花叶病毒病7号株系，高感胞囊线虫病2号生理小种（株系）。籽粒粗蛋白含量40.91%，粗脂肪含量20.76%。

产量表现：绿色通道2021—2022年参加黄淮海夏大豆南片组区域试验，两年平均亩产209.8 kg，比对照中黄13增产12.9%。2023年生产试验，平均亩产220.0 kg，比对照皖豆37增产9.0%。

栽培技术要点：①适时播种，6月10—25日播种，点播，行距40~50 cm，株距8~13 cm。②种植密度，高肥力地块1.1万~1.3万株/亩，中等肥力地块1.4万~1.5万株/亩，低肥力地块1.6万~1.8万株/亩。③注意事项，播前每亩施氮磷钾复合肥（N∶P∶K=15∶15∶15）50 kg作底肥，出苗后及时间苗，及时防治杂草。初花期加强肥水管理，中后期注意旱浇、涝排，保花增荚，花期防治豆荚螟、造桥虫、豆天蛾等主要害虫。在结荚初期喷施吡虫啉、氰戊菊酯，或氟啶虫胺腈，或虱脲+虫螨腈防治点蜂缘蝽。

审定意见：该品种符合国家大豆品种审定标准，通过审定。适宜在山东南部，河南东部和南部，江苏和安徽两省淮河以北地区夏播种植。胞囊线虫病发病严重区慎用。

（八）圣豆 115

审定编号：国审豆20242003
作物名称：大豆
品种名称：圣豆115
申 请 者：山东圣丰种业科技有限公司
育 种 者：山东圣丰种业科技有限公司
品种来源：齐黄34/冀豆12

特征特性：长江流域夏大豆早中熟组高蛋白型品种，生育期平均98 d，比对照中豆41早熟2 d。株型收敛，有限结荚习性。株高66.7 cm，主茎13.4节，有效分枝2.6个，底荚高度14.3 cm，单株有效荚数42.7个，单株粒数80.8粒，单株粒重18.4 g，百粒重24.6 g。卵圆形叶，紫花，灰毛。籽粒椭圆形，种皮黄色、微光，种脐褐色。接种鉴定，抗花叶病毒病3号株系，中抗花叶病毒病7号株系，籽粒粗蛋白含量45.02%，粗脂肪含量20.78%。

产量表现：绿色通道2021—2022年参加长江流域夏大豆早中熟组区域试验，两年平均亩产209.7 kg，比对照中豆41增产5.1%。2023年生产试验，平均亩产216.6 kg，比对照中豆41增产6.3%。

栽培技术要点：①适时播种，一般在5月下旬至6月上旬播种，点播，行距40~50 cm，株距10~15 cm。②种植密度，高肥力地块1.1万株/亩，中等肥力地块1.3万株/亩，低肥力地块1.5万株/亩。③注意事项，施足底肥，一般亩施氮磷钾三元复合肥30 kg作基肥，花荚期亩追施氮肥10 kg或喷施叶面肥；及时防治病虫害，花荚期注意防治大豆蚜虫、豆秆黑潜蝇等虫害，根腐病等病害；成熟后及时收获。播种时注意清理播种机械，防止混杂；大豆生长期间分别在苗期、开花期和成熟期3个关键时期进行田间去杂；收获、脱粒和储藏时注意单收、单脱、单放，以防机械及人为混杂。

审定意见： 该品种符合国家大豆品种审定标准，通过审定。适宜在重庆、湖北、江西、湖南北部、安徽、江苏沿江地区和河南南阳等地区夏播种植。

（九）祥丰4号

审定编号： 鲁审豆20190002

作物名称： 大豆

品种名称： 祥丰4号

申 请 者： 山东祥丰种业有限责任公司

育 种 者： 山东祥丰种业有限责任公司

品种来源： 常规品种，系皖宿5157与齐黄34杂交选育

特征特性： 有限结荚习性，株型收敛、直立。区域试验结果：生育期104 d，比对照菏豆12号早熟2 d；株高80.1 cm，有效分枝2.3个，主茎16.0节；圆叶、白花、灰毛、落叶、不裂荚；单株粒数98.0粒，籽粒椭圆形、种皮黄色、有光泽，种脐褐色，百粒重20.9 g。2016年经农业部谷物品质监督检验测试中心品质分析（干基）：蛋白质含量44.5%，脂肪含量18.5%。2016年经南京农业大学国家大豆改良中心接种鉴定：抗花叶病毒3号株系和7号株系。

产量表现： 2016—2017年全省夏大豆品种区域试验中，两年平均亩产218.4 kg，比对照菏豆12号增产8.4%；2018年生产试验平均亩产207.1 kg，比对照菏豆12号增产10.0%。

栽培技术要点： 适宜播期为6月10—25日，密度为每亩10 000～13 000株，其他管理措施同一般大田。

审定意见： 全省适宜地区夏大豆品种种植利用。

（十）安豆5240

审定编号： 豫审豆20200009

作物名称： 大豆

品种名称： 安豆5240

申 请 者： 安阳市农业科学院

育 种 者： 安阳市农业科学院

品种来源： 齐黄34/安豆11-5556

特征特性： 耐密型夏大豆品种。平均生育期103～106 d，有限结荚；平均株高55～67 cm，底荚高度15～19 cm，百粒重21.0～22.0 g；椭圆叶，白花，棕

毛，椭圆粒，种皮黄色，微光，黑色脐。经南京农业大学国家大豆改良中心接种鉴定，2018年对大豆花叶病毒（SMV）流行株系 SC3（弱毒）的病情指数为8、表现抗病，对 SC7（强毒）的病情指数为17、表现抗病；2019年对大豆花叶病毒（SMV）流行株系 SC3（弱毒）的病情指数为9、表现抗病，对 SC7（强毒）的病情指数为6、表现抗病。经农业农村部农产品质量监督检验测试中心（郑州）检测：2018年蛋白质（干基）含量为42.58%，脂肪（干基）含量为20.6%；2019年蛋白质（干基）含量为41.60%，脂肪（干基）含量为20.4%。

产量表现：2018年河南省高密度组区域试验，7点汇总，6点增产，增产点率85.7%，平均亩产172.4 kg，比对照郑196增产8.6%；2019年续试（A组），8点汇总，8点增产，增产点率100%，平均亩产208.6 kg，比对照郑196增产7.2%；2019年生产试验，8点汇总，8点增产，增产点率100%，平均亩产220.6 kg，比对照郑196增产7.4%。

栽培技术要点：①播期与密度：6月15日之前足墒播种，密度1.6万~1.8万株/亩。②田间管理：同一般大田管理，出苗后及时间苗、定苗，及时防治病虫害，注意防治点蜂缘蝽、烟粉虱等刺吸式害虫。

审定意见：该品种符合大豆审定标准，通过审定。适宜河南省各地夏大豆区推广种植。

（十一）神州豆2号

审定编号：苏审豆20210012
作物名称：大豆
品种名称：神州豆2号
申 请 者：连云港神州种业有限公司
育 种 者：连云港神州种业有限公司
品种来源：齐黄34/皖宿2156

特征特性：夏大豆品种。植株直立，有限结荚习性。叶片卵圆形，白花，棕毛。成熟时荚褐色，弯镰形。落叶性好，不裂荚。籽粒椭圆形，种皮黄色、微光，种脐褐色，外观商品性较好。省区试平均结果：全生育期104.5 d，与对照徐豆13相当。株高61.4 cm，结荚高度12.5 cm，主茎14.2节，有效分枝2.5个，单株结荚45.4个，每荚2.0粒，百粒重22.7 g。经农业农村部谷物品质监督检验测试中心检测：粗蛋白质含量44.4%，粗脂肪含量17.0%。经国家大豆改良中心接种鉴定：中感大豆花叶病毒病 SC3 株系，中抗 SC7 株系。

产量表现：2017—2018年参加江苏省淮北夏大豆区试，两年平均亩产

206.5 kg，比对照徐豆 13 增产 8.1%。2019 年参加生产试验，平均亩产 212.2 kg，比对照徐豆 13 增产 5.7%。

栽培技术要点：①田块选择。选择前两茬未种过豆类作物的田块种植。②适期播种。一般 6 月上中旬播种，亩用种 4～5 kg，播前晒种 1～2 d。③适宜密度。每亩留苗 1.2 万株左右，中低产田或迟播应适当增加留苗数。④肥水管理。一般基肥亩用纯氮 3 kg、五氧化二磷 3 kg、氧化钾 3 kg；花期视苗情亩追施纯氮 2～3 kg，鼓粒后期可喷施磷酸二氢钾。注意抗旱排涝，花荚期保持土壤湿润。⑤病虫草害防治。播前使用土壤杀虫剂防治地下害虫，播后及时防病治虫除草。

审定意见：通过审定，适宜在江苏省淮北地区作夏大豆种植。

（十二）华豆 36

审定编号：苏审豆 20210014

作物名称：大豆

品种名称：华豆 36

申 请 者：山东华亚农业科技有限公司

育 种 者：山东华亚农业科技有限公司

品种来源：齐黄 34/ 铁丰 31，参试名称"道秋 8 号"

特征特性：夏大豆品种。植株直立，有限结荚习性。叶片卵圆形，白花，棕毛。成熟时荚褐色，弯镰形。落叶性好，不裂荚。籽粒椭圆形，种皮黄色、微光，种脐黑色，外观商品性较好。省区试平均结果：全生育期 99.0 d，比对照徐豆 13 短 1.5 d。株高 61.4 cm，结荚高度 13.2 cm，主茎 14.6 节，有效分枝 2.5 个，单株结荚 36.7 个，每荚 2.3 粒，百粒重 25.3 g。经农业农村部谷物品质监督检验测试中心检测：粗蛋白质含量 45.4%，粗脂肪含量 20.0%。经国家大豆改良中心接种鉴定：中感大豆花叶病毒病 SC3 株系和 SC7 株系。

产量表现：2018—2019 年参加江苏省淮北夏大豆区试，两年平均亩产 214.6 kg，比对照徐豆 13 增产 6.2%。2020 年参加生产试验，平均亩产 216.6 kg，比对照徐豆 13 增产 7.9%。

栽培技术要点：①田块选择。选择前两茬未种过豆类作物的田块种植。②适期播种。一般 6 月上中旬播种，亩用种 4～5 kg，播前晒种 1～2 d。③适宜密度。每亩留苗 1.2 万株左右，中低产田或迟播应适当增加留苗数。④肥水管理。一般基肥亩用纯氮 3 kg、五氧化二磷 3 kg、氧化钾 3 kg；花期视苗情亩追施纯氮 2～3 kg，鼓粒后期可喷施磷酸二氢钾。注意抗旱排涝，花荚期保持土壤湿润。⑤病虫草害防治。播前使用土壤杀虫剂防治地下害虫，播后及时防病治虫除草。

审定意见：通过审定，适宜在江苏省淮北地区作夏大豆种植。

（十三）淮豆15

审定编号：苏审豆20210021

作物名称：大豆

品种名称：淮豆15

申 请 者：江苏徐淮地区淮阴农业科学研究所

育 种 者：江苏徐淮地区淮阴农业科学研究所、南京农业大学

品种来源：周04012-6/齐黄34，参试名称"淮17-18"

特征特性：夏大豆品种。植株直立，有限结荚习性。叶片卵圆形，白花，棕毛。成熟时荚深褐色，弯镰形，落叶性好，不裂荚。籽粒圆形，种皮黄色、强光，种脐黑色，外观商品性较好。联合体区试平均结果：全生育期103.0 d，比对照徐豆13短1.0 d。株高62.5 cm，结荚高度14.9 cm，主茎14.4节，有效分枝1.7个，单株结荚40.9个，每荚2.1粒，百粒重24.1 g。经农业农村部谷物品质监督检验测试中心检测：粗蛋白质含量40.8%，粗脂肪含量20.7%。经国家大豆改良中心接种鉴定：中抗大豆花叶病毒病SC3株系和SC7株系。

产量表现：2018—2019年参加江苏省淮北夏大豆淮阴农科所科企联合体区试，两年平均亩产209.2 kg，比对照徐豆13增产6.3%。2020年参加生产试验，平均亩产210.3 kg，比对照徐豆13增产8.1%。

栽培技术要点：①田块选择。选择前两茬未种过豆类作物的田块种植。②适期播种。一般6月上中旬播种，亩用种5 kg左右，播前晒种1～2 d。③适宜密度。每亩留苗1.2万株左右，中低产田或迟播应适当增加留苗数。④肥水管理。一般基肥亩用纯氮3 kg、五氧化二磷3 kg、氧化钾3 kg；花期视苗情亩追施纯氮2～3 kg，鼓粒后期可喷施磷酸二氢钾。注意抗旱排涝，花荚期保持土壤湿润。⑤病虫草害防治。播前使用土壤杀虫剂防治地下害虫，播后及时防病治虫除草。注意点蜂缘蝽等病虫害防治。

审定意见：通过审定，适宜在江苏省淮北地区作夏大豆种植。

（十四）神州豆3号

审定编号：苏审豆20210022

作物名称：大豆

品种名称：神州豆3号

申 请 者：连云港神州种业有限公司

育 种 者：连云港神州种业有限公司

品种来源：皖宿 015 / 齐黄 34

特征特性：夏大豆品种。植株直立，有限结荚习性。叶片披针形，紫花，棕毛。成熟时荚褐色，弯镰形。落叶性好，不裂荚。籽粒椭圆形，种皮黄色、微光，种脐褐色，外观商品性较好。联合体区试平均结果：全生育期 104.0 d，与对照徐豆 13 相当。株高 57.4 cm，结荚高度 12.2 cm，主茎 14.5 节，有效分枝 2.3 个，单株结荚 40.5 个，每荚 2.2 粒，单株粒重 20.4 g，百粒重 23.7 g。经农业农村部谷物品质监督检验测试中心检测：粗蛋白质含量 41.9%，粗脂肪含量 18.3%。经国家大豆改良中心接种鉴定：中抗大豆花叶病毒病 SC3 株系和 SC7 株系。

产量表现：2018—2019 年参加江苏省淮北夏大豆淮阴农业科学研究所科企联合体区试，两年平均亩产 202.2 kg，比对照徐豆 13 增产 2.8%。2020 年参加生产试验，平均亩产 207.1 kg，比对照徐豆 13 增产 6.4%。

栽培技术要点：①田块选择。选择前两茬未种过豆类作物的田块种植。②适期播种。一般 6 月上中旬播种，亩用种 4～5 kg，播前晒种 1～2 d。③适宜密度。每亩留苗 1.2 万株左右，中低产田或迟播应适当增加留苗数。④肥水管理。一般基肥亩用纯氮 3 kg、五氧化二磷 3 kg、氧化钾 3 kg；花期视苗情亩追施纯氮 2～3 kg，鼓粒后期可喷施磷酸二氢钾。注意抗旱排涝，花荚期保持土壤湿润。⑤病虫草害防治。播前使用土壤杀虫剂防治地下害虫，播后及时防病治虫除草。注意点蜂缘蝽等病虫害防治。

审定意见：通过审定，适宜在江苏省淮北地区作夏大豆种植。

（十五）祥丰 6 号

审定编号：鲁审豆 20216013

作物名称：大豆

品种名称：祥丰 6 号

申 请 者：山东祥丰种业有限责任公司

育 种 者：山东祥丰种业有限责任公司

品种来源：常规品种，系齐黄 34/ 皖宿 5156 杂交选育。

特征特性：有限结荚习性，株型收敛、直立。区域试验结果：生育期 103 d，比对照菏豆 12 号早熟 2 d；株高 68.8 cm，有效分枝 2.0 个，主茎 14.9 节；长叶、白花、灰毛、落叶、不裂荚；单株粒数 103.3 粒，籽粒椭圆形，种皮黄色、有光泽，种脐浅褐色，百粒重25.3 g。2018年经农业农村部谷物品质监督检验测试中心品质分析（干基）：粗蛋白质含量39.5%，粗脂肪含量20.9%。2018年经南京农业大学国家大豆改良中心接种鉴定：抗花叶病毒3号株系和7号株系。

产量表现：2018—2019年参加鲁育农作物联合体区域试验，两年平均亩产233.3 kg，比对照菏豆12号增产6.6%；2020年生产试验平均亩产222.0 kg，比对照菏豆12号增产5.7%。

栽培技术要点：适宜播期为6月上中旬，密度为每亩10 000~13 000株，其他管理措施同一般大田。

审定意见：全省适宜地区夏大豆品种种植利用。

（十六）潍豆20

审定编号：鲁审豆20220003

作物名称：大豆

品种名称：潍豆20

申 请 者：潍坊市农业科学院

育 种 者：潍坊市农业科学院

品种来源：常规品种，系潍豆126/齐黄34杂交选育

特征特性：有限结荚习性，株型收敛、直立。区域试验结果：生育期105 d，熟期与对照菏豆12号相当；株高80.7 cm，有效分枝0.9个，主茎14.1节；圆叶、白花、棕毛、落叶、不裂荚；单株粒数83.9粒，籽粒椭圆形，种皮黄色、无光泽，种脐黑色，百粒重22.9 g。2019年经农业农村部谷物品质监督检验测试中心品质分析（干基）：粗蛋白质含量38.87%，粗脂肪含量21.52%，属高油型品种。2019年经南京农业大学国家大豆改良中心接种鉴定：高抗花叶病毒3号株系和7号株系。

产量表现：2019—2020年参加全省夏大豆品种区域试验，两年平均亩产214.3 kg，比对照菏豆12号增产4.5%；2021年生产试验平均亩产230.9 kg，比对照菏豆12号增产8.8%。

栽培技术要点：适宜播期为6月10—25日，密度为每亩13 000~15 000株，其他管理措施同一般大田。

审定意见：全省适宜地区夏大豆品种种植利用。

（十七）南农57

审定编号：赣审豆20220005

作物名称：大豆

品种名称：南农 57

申 请 者：南京农业大学

育 种 者：南京农业大学大豆研究所

品种来源：济 4103/ 齐黄 34

特征特性：属夏大豆品种，夏播全生育期平均 97 d，比对照中豆 41 晚熟 1 d。株型收敛，有限结荚习性。白花，灰毛，荚熟黄褐色，成熟时落叶性好，不裂荚。株高 65.2 cm，单株饱荚数 51.2 个，单株粒数 119.6 粒，单株粒重 20.8 g，百粒重 20.2 g。籽粒椭圆形，种皮黄色，种脐淡褐色。籽粒粗蛋白质含量为 41.61%，粗脂肪含量为 22.50%。田间调查花叶病毒病病情指数 0.16，表现抗花叶病毒病。

产量表现：2020—2021 年参加江西省夏大豆品种区试，2020 年平均亩产 200.06 kg，比对照中豆 41 增产 4.97%；2021 年平均亩产 209.50 kg，比对照中豆 41 增产 6.84%。两年平均亩产 204.78 kg，比对照增产 5.91%。

栽培技术要点：适播期 6 月上中旬，播种前田块整平起垄，亩种植密度 1.33 万株左右，迟播或肥力低田块，适当增加密度，底肥以钙镁磷肥及复合肥为主，苗期追肥以复合肥加尿素为主，及时防治病虫草害，用辛硫磷颗粒、土蚕金针地虎毙和毒死蜱等防治地老虎等地下害虫，苗前用金都尔、乙草胺等封闭除草，生长期喷施苏云芽孢杆菌、氯氰菊酯、吡虫啉、甲氨基阿维菌素苯甲酸盐和乙酰甲胺磷等农药防治害虫。

审定意见：江西省夏大豆产区种植。

（十八）华育 5 号

审定编号：豫审豆 20220005

作物名称：大豆

品种名称：华育 5 号

申 请 者：嘉祥县华育种业有限公司

育 种 者：嘉祥县华育种业有限公司

品种来源：齐黄 34/ 铁丰 31

特征特性：普通型（高油）夏大豆品种，平均生育期 105.8 d。有限结荚，株型收敛；平均株高 53.1 cm，平均底荚高度 13.2 cm，主茎节数 13.3；椭圆叶，紫花，棕毛；荚皮褐色；百粒重 20.9 g，圆粒，种皮黄色，强光，浅黄色脐；落叶性好，不裂荚。抗性鉴定：经南京农业大学国家大豆改良中心接种鉴定：2019 年大豆花叶病毒（SMV）流行株系 SC3（弱毒）的病情指数 22、表现中抗，对

SC7（强毒）的病情指数 5、表现抗；2020 年大豆花叶病毒病（SMV）流行株系 SC3（弱毒）的病情指数 0、表现高抗，对 SC7（强毒）的病情指数 0、表现高抗。品质分析：经农业农村部农产品质量监督检验测试中心（郑州）检测：2019 年蛋白质（干基）含量 40.6%，粗脂肪（干基）含量 22.6%；2020 年蛋白质（干基）含量 38.92%，粗脂肪（干基）含量 22.01%。

产量表现：2019 年参加河南省大豆区域试验（普通 A 组），7 点汇总，增产点率 57.1%，平均亩产 196.4 kg，比对照郑 196 增产 3.5%；2020 年续试（普通 A 组），7 点汇总，增产点率 100%，平均亩产 239.7 kg，比对照郑 196 增产 10.6%。2021 年参加生产试验，8 点汇总，增产点率 100%，平均亩产 200.5 kg，比对照郑 196 增产 9.9%。

栽培技术要点：①播期和密度：6 月上中旬足墒播种，适宜密度 1.2 万～1.4 万株/亩。②田间管理：同一般大田管理，及时间苗、定苗；及时除草，花荚期注意喷施叶面肥，及时排水以防止涝害发生。③病虫害防治：防治大豆生产田常见病虫害外，苗期、开花期、结荚期注意防治刺吸式昆虫为害以防止症青发生。④及时收获。

审定意见：该品种符合河南省大豆品种审定标准，通过审定。适宜河南省各地夏播种植。

（十九）圣育 1 号

审定编号：鲁审豆 20220005
作物名称：大豆
品种名称：圣育 1 号
申 请 者：山东圣育种业科技有限公司
育 种 者：山东圣育种业科技有限公司
品种来源：常规品种，系齐黄 34/ 中黄 13 杂交选育
特征特性：有限结荚习性，株型收敛、直立。区域试验结果：生育期 102 d，比对照菏豆 12 号早熟 3 d；株高 69.5 cm，有效分枝 1.6 个，主茎 14.8 节；圆叶、紫花、棕毛、落叶、不裂荚；单株粒数 79.9 粒，籽粒椭圆形，种皮黄色、无光泽，种脐黑色，百粒重 25.3 g。2019 年经农业农村部谷物品质监督检验测试中心品质分析（干基）：粗蛋白质含量 44.28%，粗脂肪含量 18.87%。2019 年经南京农业大学国家大豆改良中心接种鉴定：中抗花叶病毒 3 号株系，抗花叶病毒 7 号株系。

产量表现：2019—2020 年参加全省夏大豆品种区域试验，两年平均亩产

209.7 kg，比对照菏豆 12 号增产 2.2%；2021 年生产试验平均亩产 225.9 kg，比对照菏豆 12 号增产 6.4%。

栽培技术要点：适宜播期为 6 月 10—25 日，密度为每亩 13 000~15 000 株，其他管理措施同一般大田。

审定意见：全省适宜地区夏大豆品种种植利用。

（二十）南农 69

审定编号：苏审豆 20220017

作物名称：大豆

品种名称：南农 69

申 请 者：南京农业大学

育 种 者：南京农业大学大豆研究所

品种来源：济 4103/ 齐黄 34，参试名称"南农 1609"

特征特性：夏大豆品种。植株直立，有限结荚习性。叶片卵圆形，白花，棕毛。成熟时荚褐色，弯镰形，落叶性好，不裂荚。籽粒椭圆形，种皮黄色、微光，种脐褐色，外观商品性较好。联合体区试平均结果：全生育期 101.8 d，比对照徐豆 13 长 0.9 d。株高 68.2 cm，结荚高度 17.1 cm，主茎 15.0 节，有效分枝 2.0 个，单株结荚 40.2 个，每荚 2.3 粒，百粒重 23.5 g。经农业农村部谷物品质监督检验测试中心检测：粗蛋白质含量 40.3%，粗脂肪含量 22.2%。经国家大豆改良中心接种鉴定：中感大豆花叶病毒病 SC3 株系和中抗大豆花叶病毒病 SC7 株系。

产量表现：2019—2020 年参加江苏省淮北夏大豆江苏省农业科学院科企联合体区试，两年平均亩产 210.4 kg，比对照徐豆 13 增产 6.6%。2021 年参加生产试验，平均亩产 203.0 kg，比对照徐豆 13 增产 7.9%。

栽培技术要点：①轮作。避免重茬，建议轮作。②适期播种。一般 6 月上中旬播种，亩用种 5 kg，播前晒种 1~2 d。③适宜密度。每亩留苗 1.2 万株左右，中低产田或迟播应适当增加留苗数。④肥水管理。一般基肥亩用纯氮 3 kg、五氧化二磷 3 kg、氧化钾 3 kg；花期视苗情亩追施纯氮 2~3 kg，鼓粒后期可喷施磷酸二氢钾。注意抗旱排涝，花荚期保持土壤湿润。⑤病虫草害防治。播前使用土壤杀虫剂防治地下害虫，播后及时防病治虫除草。

审定意见：通过审定，适宜在江苏省淮北地区作夏大豆种植。

（二十一）淮豆 20

审定编号：苏审豆 20220022

作物名称：大豆

品种名称：淮豆 20

申 请 者：江苏徐淮地区淮阴农业科学研究所

育 种 者：江苏徐淮地区淮阴农业科学研究所、南京农业大学

品种来源：周 04012-6/ 齐黄 34，参试名称"淮 18-47"

特征特性：夏大豆品种。植株直立，有限结荚习性。叶片卵圆形，白花，棕毛。成熟时荚深褐色，弯镰形，落叶性好，不裂荚。籽粒圆形，种皮黄色、强光，种脐黑色，外观商品性较好。联合体区试平均结果：全生育期 105.0 d，比对照徐豆 13 长 2.0 d。株高 61.2 cm，结荚高度 12.0 cm，主茎 13.0 节，有效分枝 2.9 个，单株结荚 53.2 个，每荚 2.1 粒，百粒重 20.7 g。经农业农村部谷物品质监督检验测试中心检测：粗蛋白质含量 39.4%，粗脂肪含量 20.3%。经国家大豆改良中心接种鉴定：中感大豆花叶病毒病 SC3 株系和 SC7 株系。

产量表现：2019—2020 年参加江苏省淮北夏大豆淮阴农业科学研究所科企联合体区试，两年平均亩产 228.7 kg，比对照徐豆 13 增产 11.4%。2021 年参加生产试验，平均亩产 207.7 kg，比对照徐豆 13 增产 9.4%。

栽培技术要点：①轮作。避免重茬，建议轮作。②适期播种。一般 6 月上中旬播种，亩用种 4～5 kg，播前晒种 1～2 d。③适宜密度。每亩留苗 1.2 万株左右，中低产田或迟播应适当增加留苗数。④肥水管理。一般基肥亩用纯氮 3 kg、五氧化二磷 3 kg、氧化钾 3 kg；花期视苗情亩追施纯氮 2～3 kg，鼓粒后期可喷施磷酸二氢钾。注意抗旱排涝，花荚期保持土壤湿润。⑤病虫草害防治。播前使用土壤杀虫剂防治地下害虫，播后及时防病治虫除草。

审定意见：通过审定，适宜在江苏省淮北地区作夏大豆种植。

（二十二）嘉豆 6 号

审定编号：苏审豆 20220024

作物名称：大豆

品种名称：嘉豆 6 号

申 请 者：江苏神州种业科技有限公司、山东祥丰种业有限责任公司

育 种 者：江苏神州种业科技有限公司、山东祥丰种业有限责任公司

品种来源：嘉豆 18/ 齐黄 34

特征特性：夏大豆品种。植株直立，有限结荚习性。叶片卵圆形，白花，棕毛。成熟时荚褐色，弯镰形。落叶性好，不裂荚。籽粒椭圆形，种皮黄色、微光，种脐深褐色，外观商品性较好。联合体区试平均结果：全生育期 101.5 d，比对照徐豆 13 短 1.5 d。株高 62.7 cm，结荚高度 13.5 cm，主茎 13.3 节，有效分

枝 2.5 个，单株结荚 36.0 个，每荚 2.3 粒，百粒重 25.4 g。经农业农村部谷物品质监督检验测试中心检测：粗蛋白质含量 41.6%，粗脂肪含量 20.5%。经国家大豆改良中心接种鉴定：抗大豆花叶病毒病 SC3 株系和 SC7 株系。

产量表现：2019—2020 年参加江苏省淮北夏大豆淮阴农业科学研究所科企联合体区试，两年平均亩产 223.5 kg，比对照徐豆 13 增产 8.9%。2021 年参加生产试验，平均亩产 203.0 kg，比对照徐豆 13 增产 6.9%。

栽培技术要点：①轮作。避免重茬，建议轮作。②适期播种。一般 6 月上中旬播种，亩用种 4～5 kg，播前晒种 1～2 d。③适宜密度。每亩留苗 1.2 万株左右，中低产田或迟播应适当增加留苗数。④肥水管理。一般基肥亩用纯氮 3 kg、五氧化二磷 3 kg、氧化钾 3 kg；花期视苗情亩追施纯氮 2～3 kg，鼓粒后期可喷施磷酸二氢钾。注意抗旱排涝，花荚期保持土壤湿润。⑤病虫草害防治。播前使用土壤杀虫剂防治地下害虫，播后及时防病治虫除草。

审定意见：通过审定，适宜在江苏省淮北地区作夏大豆种植。

（二十三）道秋 15

审定编号：鲁审豆 20226007

作物名称：大豆

品种名称：道秋 15

申 请 者：嘉祥秋收种业有限公司

育 种 者：嘉祥秋收种业有限公司

品种来源：常规品种，系齐黄 34/ 临豆 10 号杂交选育

特征特性：有限结荚习性，株型收敛、直立。区域试验结果：生育期 104 d，比对照菏豆 12 号早熟 1 d；株高 61.8 cm，有效分枝 2.0 个，主茎 14.4 节；圆叶、白花、棕毛、落叶、不裂荚；单株粒数 99.4 粒，籽粒椭圆形，种皮黄色、无光泽，种脐黑色，百粒重 23.9 g。2019 年经农业农村部谷物品质监督检验测试中心品质分析（干基）：粗蛋白质含量 41.44%，粗脂肪含量 20.49%。2019 年经南京农业大学国家大豆改良中心接种鉴定：抗花叶病毒 3 号株系，高抗花叶病毒 7 号株系。

产量表现：2019—2020 年参加鲁育农作物联合体区域试验，两年平均亩产 220.1 kg，比对照菏豆 12 号增产 6.1%；2021 年生产试验平均亩产 218.1 kg，比对照菏豆 12 号增产 7.2%。

栽培技术要点：适宜播期为 6 月 10—25 日，密度为每亩 13 000～15 000 株，其他管理措施同一般大田。

审定意见： 全省适宜地区夏大豆品种种植利用。

（二十四）圣地 4 号

审定编号： 鲁审豆 20226009

作物名称： 大豆

品种名称： 圣地 4 号

申 请 者： 济宁市圣地种业有限公司

育 种 者： 济宁市圣地种业有限公司

品种来源： 常规品种，系中黄 13/ 齐黄 34 杂交选育

特征特性： 有限结荚习性，株型收敛、直立。区域试验结果：生育期 104 d，比对照菏豆 12 号早熟 1 d；株高 63.2 cm，有效分枝 1.2 个，主茎 14.6 节；圆叶、白花、灰毛、落叶、不裂荚；单株粒数 96.7 粒，籽粒椭圆形，种皮黄色、有光泽，种脐褐色，百粒重 22.7 g。2019 年经农业农村部谷物及制品质量监督检验测试中心（哈尔滨）品质分析（干基）：粗蛋白质含量 36.91%，粗脂肪含量 22.10%，属高油型品种。2019 年经南京农业大学国家大豆改良中心接种鉴定：高抗花叶病毒 3 号株系和 7 号株系。

产量表现： 2019—2020 年参加鲁育农作物联合体区域试验，两年平均亩产 218.0 kg，比对照菏豆 12 号增产 5.1%；2021 年生产试验平均亩产 216.3 kg，比对照菏豆 12 号增产 6.3%。

栽培技术要点： 适宜播期为 6 月 10—25 日，密度为每亩 13 000～15 000 株，其他管理措施同一般大田。

审定意见： 全省适宜地区夏大豆品种种植利用。

（二十五）嘉农 1 号

审定编号： 鲁审豆 20230003

作物名称： 大豆

品种名称： 嘉农 1 号

申 请 者： 济宁丰育种业科技有限公司

育 种 者： 济宁丰育种业科技有限公司

品种来源： 常规品种，系齐黄 34/ 临豆 10 号杂交选育。

特征特性： 有限结荚习性，株型收敛、直立。区域试验结果：生育期 105 d，熟期比对照菏豆 12 号早熟 1 d；株高 73.5 cm，有效分枝 1.9 个，主茎 14.0 节；圆叶、白花、灰毛、落叶、不裂荚；单株粒数 80.6 粒，籽粒椭圆形，种皮黄色、无光泽，种脐黑色，百粒重 26.6 g。2020 年经农业农村部谷物品质监督检验测试

中心品质分析（干基）：粗蛋白质含量41.3%，粗脂肪含量20.8%。2020年经南京农业大学国家大豆改良中心接种鉴定：中抗花叶病毒3号株系，抗花叶病毒7号株系。

产量表现： 2020年参加全省夏大豆品种区域试验，平均亩产215.2 kg，比对照菏豆12号增产8.1%；2021年参加全省夏大豆品种区域试验，平均亩产230.5 kg，比对照菏豆12号增产9.6%；2022年生产试验平均亩产223.9 kg，比对照菏豆12号增产7.4%。

栽培技术要点： 适宜播期为6月10—25日，密度为每亩15 000株左右，其他管理措施同一般大田。

审定意见： 全省适宜地区夏大豆品种种植利用。

（二十六）嘉科1号

审定编号： 鲁审豆20230004

作物名称： 大豆

品种名称： 嘉科1号

申 请 者： 济宁梁育种业科技有限公司

育 种 者： 济宁梁育种业科技有限公司

品种来源： 常规品种，系齐黄34/豫豆22杂交选育

特征特性： 有限结荚习性，株型收敛、直立。区域试验结果：生育期105 d，熟期比对照菏豆12号早熟1 d；株高73.3 cm，有效分枝1.9个，主茎16.3节；圆叶、白花、棕毛、落叶、不裂荚；单株粒数88.2粒，籽粒椭圆形，种皮黄色、无光泽，种脐深褐色，百粒重28.1 g。2020年经农业农村部谷物品质监督检验测试中心品质分析（干基）：粗蛋白质含量41.3%，粗脂肪含量21.1%。2020年经南京农业大学国家大豆改良中心接种鉴定：中抗花叶病毒3号株系和7号株系。

产量表现： 2020年参加全省夏大豆品种区域试验，平均亩产212.9 kg，比对照菏豆12号增产7.0%；2021年参加全省夏大豆品种区域试验，平均亩产226.0 kg，比对照菏豆12号增产7.5%；2022年生产试验平均亩产228.3 kg，比对照菏豆12号增产9.5%。

栽培技术要点： 适宜播期为6月10—20日，密度为每亩15 000株左右，其他管理措施同一般大田。

审定意见： 全省适宜地区夏大豆品种种植利用。

（二十七）菏育88

审定编号： 鲁审豆20230005

作物名称：大豆

品种名称：菏育 88

申 请 者：郓城县种子公司、山东华亚农业科技有限公司

育 种 者：郓城县种子公司、山东华亚农业科技有限公司

品种来源：常规品种，系齐黄 34/ 临豆 10 号杂交选育

特征特性：有限结荚习性，株型收敛、直立。区域试验结果：生育期 106 d，熟期与对照菏豆 12 号相当；株高 79.6 cm，有效分枝 2.0 个，主茎 16.4 节；圆叶、紫花、灰毛、落叶、不裂荚；单株粒数 97.5 粒，籽粒椭圆形，种皮黄色、无光泽，种脐浅褐色，百粒重 22.3 g。2020 年经农业农村部谷物品质监督检验测试中心品质分析（干基）：粗蛋白质含量 41.0%，粗脂肪含量 20.5%。2020 年经南京农业大学国家大豆改良中心接种鉴定：中抗花叶病毒 3 号株系，抗花叶病毒 7 号株系。

产量表现：2020 年参加全省夏大豆品种区域试验，平均亩产 213.4 kg，比对照菏豆 12 号增产 5.9%；2021 年参加全省夏大豆品种区域试验，平均亩产 223.1 kg，比对照菏豆 12 号增产 6.3%；2022 年生产试验平均亩产 219.5 kg，比对照菏豆 12 号增产 5.3%。

栽培技术要点：适宜播期为 6 月 5—20 日，密度为每亩 10 000～16 000 株，其他管理措施同一般大田。

审定意见：全省适宜地区夏大豆品种种植利用。

（二十八）圣育 102

审定编号：苏审豆 20230007

作物名称：大豆

品种名称：圣育 102

申 请 者：山东圣育种业科技有限公司

育 种 者：山东圣育种业科技有限公司

品种来源：齐黄 34/ 豫豆 22，参试名称"圣育 102"

特征特性：夏大豆品种。植株直立，株型收敛，有限结荚习性，抗倒性较好。叶片卵圆形，紫花，棕毛。落叶性好，不裂荚。籽粒黄色、椭圆形，种脐黑色，外观商品性好。山东省区试平均结果：全生育期 99.5 d，与对照苏豆 13 相当。株高 59.3 cm，结荚高度 14.6 cm，主茎 13.3 节，有效分枝 2.9 个，单株结荚 42.4 个，每荚 2.2 粒，百粒重 23.9 g。经农业农村部谷物品质监督检验测试中心检测：粗蛋白质含量 42.6%，粗脂肪含量 21.0%。经国家大豆改良中心接种鉴

定：中抗大豆花叶病毒病 SC3 株系，抗大豆花叶病毒病 SC7 株系。

产量表现：2020—2021 年参加江苏省淮南夏大豆区试，两年平均亩产 205.9 kg，比对照苏豆 13 增产 7.3%。2022 年参加生产试验，平均亩产 190.3 kg，比对照苏豆 13 增产 7.1%。

栽培技术要点：①轮作。避免重茬，建议轮作。②适期播种。一般 6 月中旬至 7 月上旬播种，亩用种 6 kg 左右，播前晒种 1~2 d。③适宜密度。适播期内每亩留苗 1.0 万~1.2 万株，迟播或肥力较低田块适当增加密度。④肥水管理。一般基肥亩用纯氮 3 kg 左右、五氧化二磷 3 kg、氧化钾 3 kg；花期视苗情亩施纯氮 2.5~3 kg，鼓粒后期喷施 0.2% 磷酸二氢钾。注意抗旱排涝，花荚期保持土壤湿润。⑤病虫草害防治。播前使用土壤杀虫剂防治地下害虫，播后及时化学防除杂草。

审定意见：通过审定，适宜在江苏省淮南地区作夏大豆种植。

（二十九）华豆 20

审定编号：苏审豆 20230012

作物名称：大豆

品种名称：华豆 20

申 请 者：山东华亚农业科技有限公司

育 种 者：山东华亚农业科技有限公司

品种来源：齐黄 34/豫豆 22

特征特性：夏大豆品种。植株直立，有限结荚习性。叶片卵圆形，白花，棕毛。成熟时荚褐色，弯镰形。落叶性好，不裂荚。籽粒椭圆形，种皮黄色、微光，种脐黑色，外观商品性较好。省区试平均结果：全生育期 103.5 d，比对照徐豆 13 短 1.0 d；株高 50.7 cm，结荚高度 11.1 cm；主茎 12.9 节，有效分枝 1.8 个；单株结荚 36.7 个，每荚 2.4 粒，百粒重 24.8 g。经农业农村部谷物品质监督检验测试中心检测：粗蛋白质含量 42.2%，粗脂肪含量 21.3%。经国家大豆改良中心接种鉴定：中抗大豆花叶病毒病 SC3 株系，中感大豆花叶病毒病 SC7 株系。

产量表现：2020—2021 年参加江苏省淮北夏大豆区试，两年平均亩产 221.8 kg，比对照徐豆 13 增产 7.9%。2022 年参加生产试验，平均亩产 228.6 kg，比对照徐豆 13 增产 7.6%。

栽培技术要点：①轮作。避免重茬，建议轮作。②适期播种。一般在 6 月上、中旬播种，播前晒种 1~2 d，亩用种 4 kg 左右。③适宜密度。每亩留苗 1.2

万株左右，中低产田或迟播应适当增加留苗数。④肥水管理。一般基肥亩用纯氮 3 kg、五氧化二磷 3 kg、氧化钾 3 kg；花期视苗情亩追施纯氮 3~5 kg，鼓粒后期可喷施磷酸二氢钾。注意抗旱排涝，花荚期保持土壤湿润。⑤病虫草害防治。播前使用土壤杀虫剂防治地下害虫，播后及时化学防除杂草，注意斜纹夜蛾、烟粉虱、炭疽病等病虫害防治。

审定意见：通过审定，适宜在江苏省淮北地区作夏大豆种植。

（三十）圣育 24

审定编号：鄂审豆 20230013
作物名称：大豆
品种名称：圣育 24
申 请 者：山东圣育种业科技有限公司
育 种 者：山东圣育种业科技有限公司
品种来源："山宁 21"作母本，"齐黄 34"作父本杂交，经系谱法选择育成的大豆品种

特征特性：属早熟高蛋白夏大豆品种。株型收敛，株高适中，茎秆直立，有限结荚习性。叶椭圆形，花白色，茸毛灰色。成熟荚浅褐色。籽粒椭圆形，种皮、子叶黄色，种脐淡褐色。区域试验中株高 59.0 cm，主茎节数 12.4 个，分枝数 1.6 个，单株荚数 36.3 个，单株粒重 15.2 g，完全粒率 90.3%，百粒重 20.4 g，生育期 91.6 d，比中豆 53 早 1.2 d。经病害鉴定抗大豆花叶病毒病 3 号株系和 7 号株系。品质经农业农村部谷物品质监督检验测试中心测定，含油量 20.94%，粗蛋白含量 45.10%。

产量表现：2021—2022 年参加湖北省夏大豆品种区域试验，两年区域试验平均亩产 203.88 kg，比对照中豆 53 增产 22.97%。其中：2021 年亩产 203.20 kg，比中豆 53 增产 22.88%；2022 年亩产 204.56 kg，比中豆 53 增产 23.08%。2022 年生产试验平均亩产 190.40 kg，比对照中豆 53 增产 13.88%。

栽培技术要点：①适时播种，合理密植。5 月下旬播种，根据肥力一般亩保苗 1.3 万~1.6 万株。②施足底肥，合理追肥。亩施腐熟有机肥 1 000~2 000 kg，氮磷钾复合肥 20 kg 或磷酸二铵 15 kg 作基肥，初花期亩追施尿素 5~8 kg。③加强田间管理。注意清沟排渍，及时中耕除草；花期视苗情适时化控，防止倒伏；结荚鼓粒期遇干旱及时灌溉。④病虫害防治。注意防治紫斑病、根腐病和地老虎、蚜虫、斜纹夜蛾等病虫害。⑤适时收获。

审定意见：适于湖北省大豆种植区作夏大豆种植。

（三十一）华豆 41

审定编号：鄂审豆 20230016

作物名称：大豆

品种名称：华豆 41

申 请 者：山东华亚农业科技有限公司

育 种 者：山东华亚农业科技有限公司

品种来源："齐黄 34"作母本，"菏豆 12"作父本杂交，经系谱法选择育成的大豆品种

特征特性：属中晚熟高蛋白夏大豆品种。株型收敛，株高较高，茎秆直立，有限结荚习性。叶椭圆形，花紫色，茸毛棕色。成熟荚浅褐色。籽粒椭圆形，种皮、子叶黄色，种脐深褐色。区域试验中株高 67.2 cm，主茎节数 12.3 个，分枝数 2.0 个，单株荚数 34.2 个，单株粒重 14.9 g，完全粒率 89.3%，百粒重 22.1 g，生育期 95.4 d，比中豆 41 早 3.3 d。经病害鉴定高抗大豆花叶病毒病 3 号株系和 7 号株系。品质经农业农村部谷物品质监督检验测试中心测定，含油量 20.81%，粗蛋白含量 46.31%。

产量表现：2021—2022 年参加湖北省夏大豆品种区域试验，两年区域试验平均亩产 197.54 kg，比对照中豆 41 增产 6.24%。其中：2021 年亩产 197.70 kg，比中豆 41 增产 3.84%；2022 年亩产 197.38 kg，比中豆 41 增产 8.76%。2022 年生产试验平均亩产 193.70 kg，比对照中豆 41 增产 3.69%。

栽培技术要点：①适时播种，合理密植。5 月下旬播种，根据肥力一般亩保苗 1.3 万～1.6 万株。②施足底肥，合理追肥。亩施腐熟有机肥 1 000～2 000 kg，氮磷钾复合肥 20 kg 或磷酸二铵 15 kg 作基肥，初花期亩追施尿素 5～8 kg。③加强田间管理。注意清沟排渍，及时中耕除草；花期视苗情适时化控，防止倒伏；结荚鼓粒期遇干旱及时灌溉。④病虫害防治。注意防治紫斑病、根腐病和地老虎、蚜虫、斜纹夜蛾等病虫害。⑤适时收获。

审定意见：适于湖北省大豆种植区作夏大豆种植。

（三十二）华豆 13

审定编号：鲁审豆 20236008

作物名称：大豆

品种名称：华豆 13

申 请 者：山东华亚农业科技有限公司

育 种 者：山东华亚农业科技有限公司

品种来源： 常规品种，系齐黄34/临豆10号杂交选育

特征特性： 有限结荚习性，株型收敛。区域试验结果：生育期106 d，熟期比对照菏豆12号早熟1 d；株高76.7 cm，有效分枝2.0个，主茎15.1节；圆叶、紫花、棕毛、落叶、不裂荚；单株粒数94.8粒，籽粒圆形，种皮黄色、有光泽，种脐深褐色，百粒重24.4 g。2020年经农业农村部谷物品质监督检验测试中心品质分析（干基）：粗蛋白质含量40.97%，粗脂肪含量21.81%，属高油型品种。2020年经南京农业大学国家大豆改良中心接种鉴定：抗花叶病毒3号株系，高抗花叶病毒7号株系。

产量表现： 参加山东恒丰源联合体夏大豆区域试验，2020年区域试验平均亩产216.4 kg，比对照菏豆12号增产6.1%；2021年区域试验平均亩产226.4 kg，比对照菏豆12号增产9.4%；2022年生产试验平均亩产223.8 kg，比对照菏豆12号增产6.1%。

栽培技术要点： 适宜播期为6月上中旬，密度为每亩13 000~18 000株，其他管理措施同一般大田。

审定意见： 全省适宜地区夏大豆品种种植利用。

（三十三）潍豆28

审定编号： 鲁审豆20236011

作物名称： 大豆

品种名称： 潍豆28

申 请 者： 潍坊市农业科学院

育 种 者： 潍坊市农业科学院

品种来源： 常规品种，系92063（潍豆126）/齐黄34杂交选育

特征特性： 有限结荚习性，株型收敛。区域试验结果：生育期106 d，熟期比对照菏豆12号早熟1 d；株高68.3 cm，有效分枝1.6个，主茎14.2节；圆叶、白花、棕毛、落叶、不裂荚；单株粒数89.5粒，籽粒椭圆形，种皮黄色、有光泽，种脐黑色，百粒重22.3 g。2020年经农业农村部谷物品质监督检验测试中心品质分析（干基）：粗蛋白质含量40.23%，粗脂肪含量21.86%，属高油型品种。2020年经南京农业大学国家大豆改良中心接种鉴定：高抗花叶病毒3号株系，抗花叶病毒7号株系。

产量表现： 参加山东恒丰源联合体夏大豆区域试验，2020年区域试验平均亩产209.2 kg，比对照菏豆12号增产2.6%；2021年区域试验平均亩产212.4 kg，比对照菏豆12号增产2.6%；2022年生产试验平均亩产228.9 kg，比对照菏豆12

号增产 8.5%。

栽培技术要点：适宜播期为 6 月上中旬，密度为每亩 12 000～15 000 株，其他管理措施同一般大田。

审定意见：全省适宜地区夏大豆品种种植利用。

（三十四）道秋 39

审定编号：鲁审豆 20236012

作物名称：大豆

品种名称：道秋 39

申 请 者：嘉祥秋收种业有限公司

育 种 者：嘉祥秋收种业有限公司

品种来源：常规品种，系齐黄 34/ 中黄 13 杂交选育

特征特性：有限结荚习性，株型收敛。区域试验结果：生育期 106 d，熟期与对照菏豆 12 号相当；株高 56.4 cm，有效分枝 2.1 个，主茎 13.0 节；圆叶、白花、棕毛、落叶、不裂荚；单株粒数 74.0 粒，籽粒椭圆形，种皮黄色、无光泽，种脐黑色，百粒重 28.9 g。2020—2021 年经农业农村部谷物品质监督检验测试中心品质分析（干基）：粗蛋白质含量 41.32%，粗脂肪含量 20.75%。2020 年经南京农业大学国家大豆改良中心接种鉴定：中感花叶病毒 3 号株系，中抗花叶病毒 7 号株系。

产量表现：参加鲁育联合体大豆区域试验，2020 年区域试验平均亩产 214.3 kg，比对照菏豆 12 号增产 4.3%；2021 年区域试验平均亩产 231.0 kg，比对照菏豆 12 号增产 9.8%；2022 年生产试验平均亩产 230.5 kg，比对照菏豆 12 号增产 6.2%。

栽培技术要点：6 月 20 日前播种，密度为每亩 12 000～15 000 株，其他管理措施同一般大田。

审定意见：全省适宜地区夏大豆品种种植利用。

（三十五）道秋 19

审定编号：鲁审豆 20236014

作物名称：大豆

品种名称：道秋 19

申 请 者：嘉祥秋收种业有限公司

育 种 者：嘉祥秋收种业有限公司

品种来源：常规品种，系齐黄 34/ 豫豆 22 杂交选育

特征特性： 有限结荚习性，株型收敛。区域试验结果：生育期 104 d，熟期比对照菏豆 12 号早熟 2 d；株高 73.1 cm，有效分枝 1.5 个，主茎 15.2 节；圆叶、白花、棕毛、落叶、不裂荚；单株粒数 100.5 粒，籽粒椭圆形，种皮黄色、无光泽，种脐黑色，百粒重 26.0 g。2020—2021 年经农业农村部谷物品质监督检验测试中心品质分析（干基）：粗蛋白质含量 41.26%，粗脂肪含量 20.66%。2020 年经南京农业大学国家大豆改良中心接种鉴定：中抗花叶病毒 3 号株系，中抗花叶病毒 7 号株系。

产量表现： 参加鲁育联合体大豆区域试验，2020 年区域试验平均亩产 213.2 kg，比对照菏豆 12 号增产 3.7%；2021 年区域试验平均亩产 224.1 kg，比对照菏豆 12 号增产 6.5%；2022 年生产试验平均亩产 225.9 kg，比对照菏豆 12 号增产 4.1%。

栽培技术要点： 6 月 20 日前播种，密度为每亩 12 000~15 000 株，其他管理措施同一般大田。

审定意见： 全省适宜地区夏大豆品种种植利用。

（三十六）俊豆 11

审定编号： 鲁审豆 20236015

作物名称： 大豆

品种名称： 俊豆 11

申 请 者： 嘉祥县俊豪种业有限公司

育 种 者： 嘉祥县俊豪种业有限公司

品种来源： 常规品种，系齐黄 34/菏豆 12 号杂交选育

特征特性： 结荚习性，株型。区域试验结果：生育期 105 d，熟期比对照菏豆 12 号早熟 1 d；株高 68.9 cm，有效分枝 2.1 个，主茎 15.1 节；圆叶、白花、棕毛、落叶、不裂荚；单株粒数 90.6 粒，籽粒圆形，种皮黄色、有光泽，种脐黑色，百粒重 25.2 g。2020—2021 年经农业农村部谷物品质监督检验测试中心品质分析（干基）：粗蛋白质含量 40.53%，粗脂肪含量 21.0%。2020 年经南京农业大学国家大豆改良中心接种鉴定：中感花叶病毒 3 号株系，中抗花叶病毒 7 号株系。

产量表现： 参加鲁育联合体大豆区域试验，2020 年区域试验平均亩产 213.3 kg，比对照菏豆 12 号增产 3.8%；2021 年区域试验平均亩产 223.8 kg，比对照菏豆 12 号增产 6.4%；2022 年生产试验平均亩产 226.5 kg，比对照菏豆 12 号增产 4.4%。

栽培技术要点：适宜播期为 6 月上中旬，密度为每亩 13 000 株左右，其他管理措施同一般大田。

审定意见：全省适宜地区夏大豆品种种植利用。

（三十七）祥星 1 号

审定编号：皖审豆 2023L001

作物名称：大豆

品种名称：祥星 1 号

申 请 者：濉溪县科技开发中心

育 种 者：濉溪县科技开发中心、济宁市圣祥种业有限责任公司

品种来源：山宁 16/ 齐黄 34

特征特性：普通夏大豆品种。有限结荚习性，白花、棕茸毛，椭圆形叶片。籽粒圆形、黄色、深褐脐。成熟时全落叶，不裂荚，抗倒伏。2020 年、2021 年两年区域试验结果：平均株高 64.8 cm、底荚高度 15.0 cm、主茎节数 15.6 个、有效分枝 2.6 个、单株荚数 40.5 个、单株粒数 73.4 粒、百粒重 21.8 g。生育期 98 d，比对照品种中黄 13 晚熟 1 d。国家大豆改良中心（南京）抗性鉴定结果，2020 年对大豆花叶病毒流行株系 SC3 表现抗病（病情指数 15）、SC7 表现抗病（病情指数 11）；2021 年对 SC3 表现抗病（病情指数 6）、SC7 表现抗病（病情指数 4）。农业农村部谷物品质监督检验测试中心（北京）检测结果，2020 年粗蛋白（干基）46.12%，粗脂肪（干基）19.84%；2021 年粗蛋白（干基）42.10%，粗脂肪（干基）19.81%。

产量表现：2020 年区域试验平均亩产 169.05 kg，比对照品种增产 6.12%（极显著）；2021 年区域试验平均亩产 183.78 kg，比对照品种增产 3.50%（极显著）。2022 年生产试验平均 198.32 kg，比对照品种增产 9.31%。

栽培技术要点：适宜播期 6 月上中旬，根据土壤肥力亩种植密度 1.3 万～1.8 万株；亩施 10～20 kg 氮磷钾复合肥；花荚期遇干旱应及时浇水，结荚鼓粒期喷施磷酸二氢钾等叶面肥，注意防治病虫草害。

审定意见：符合安徽省大豆品种审定标准，审定通过。适宜安徽省沿淮淮北夏大豆产区种植。

（三十八）濉科 66

审定编号：皖审豆 2023L002

作物名称：大豆

品种名称：濉科 66

申 请 者：濉溪县科技开发中心

育 种 者：濉溪县科技开发中心、国家大豆改良中心、濉溪县双丰种业有限责任公司

品种来源：濉科 12/ 濉科 8 号 // 齐黄 34/ 中黄 13

特征特性：普通夏大豆品种。有限结荚习性，紫花、灰茸毛，椭圆形叶片。籽粒圆形、黄色、褐脐。成熟时全落叶，不裂荚，抗倒伏。2020 年、2021 年两年区域试验结果：平均株高 60.3 cm、底荚高度 15.0 cm、主茎节数 14.5 个、有效分枝 2.9 个、单株荚数 38.3 个、单株粒数 74.0 粒、百粒重 25.2 g。生育期 100 d，比对照品种中黄 13 晚熟 3 d。国家大豆改良中心（南京）抗性鉴定结果，2020 年对大豆花叶病毒流行株系 SC3 表现中感（病情指数 43）、株系 SC7 表现中抗（病情指数 30）；2021 年对 SC3 表现中抗（病情指数 30）、株系 SC7 表现中抗（病情指数 25）。农业农村部谷物品质监督检验测试中心（北京）检测结果，2020 年粗蛋白（干基）42.99%，粗脂肪（干基）20.81%；2021 年粗蛋白（干基）44.03%，粗脂肪（干基）20.53%。

产量表现：2020 年区域试验平均亩产 173.12 kg，比对照品种增产 9.19%（极显著）；2021 年区域试验平均亩产 190.10 kg，比对照品种增产 7.78%（极显著）。2022 年生产试验亩产 195.6 kg，较对照品种增产 9.58%。

栽培技术要点：适宜播期 6 月上中旬，根据土壤肥力亩种植密度 1.3 万~1.8 万株；亩施 10~20 kg 氮磷钾复合肥；花荚期遇干旱应及时浇水，结荚鼓粒期喷施磷酸二氢钾等叶面肥，注意防治病虫草害。

审定意见：符合安徽省大豆品种审定标准，审定通过。适宜安徽省沿淮淮北夏大豆产区种植。

（三十九）振兴 1 号

审定编号：皖审豆 2023L004

作物名称：大豆

品种名称：振兴 1 号

申 请 者：宿州市金穗种业有限公司

育 种 者：宿州市金穗种业有限公司、安徽农研种业有限公司

品种来源：石豆 3 号 / 冀豆 4 号 // 齐黄 34

特征特性：普通夏大豆品种。无限结荚习性，白花、棕毛，披针形叶片。籽粒圆形、淡黄色、褐脐。成熟时全落叶，不裂荚，抗倒伏。2020 年、2021 年两年区域试验结果：平均株高 91.7 cm、底荚高度 14.6 cm、主茎节数 16.7 个、有

效分枝 1.8 个、单株荚数 37.3 个、单株粒数 69.3 粒、百粒重 21.5 g。生育期 98.7 d，比对照品种中黄 13 晚熟 0.3 d。国家大豆改良中心（南京）抗性鉴定结果，2020 年对大豆花叶病毒流行株系 SC3 表现抗病（病情指数 5）、SC7 表现抗病（病情指数 14）；2021 年对 SC3 表现抗病（病情指数 2）、SC7 表现抗病（病情指数 4）。农业农村部谷物品质监督检验测试中心（北京）检测结果，2020 年粗蛋白（干基）45.57%，粗脂肪（干基）21.67%；2021 年粗蛋白（干基）45.19%，粗脂肪（干基）21.35%。

产量表现： 2020 年区域试验平均亩产 164.01 kg，比对照品种增产 2.96%（极显著）；2021 年区域试验平均亩产 178.68 kg，比对照品种增产 1.31%（不显著）。2022 年生产试验亩产 192.6 kg，比对照品种增产 7.9%。

栽培技术要点： 适宜播期 6 月上中旬，根据土壤肥力亩种植密度 1.3 万～1.8 万株；亩施 10～20 kg 氮磷钾复合肥；花荚期遇干旱应及时浇水，结荚鼓粒期喷施磷酸二氢钾等叶面肥，注意防治病虫草害。

审定意见： 符合安徽省大豆品种审定标准，审定通过。适宜安徽省沿淮淮北夏大豆产区种植。

（四十）晨豆 1 号

审定编号： 鲁审豆 20240001

作物名称： 大豆

品种名称： 晨豆 1 号

申 请 者： 山东晨博种业有限公司

育 种 者： 山东晨博种业有限公司

品种来源： 中黄 13/齐黄 34

特征特性： 有限结荚习性，株型收敛、直立。区域试验结果：生育期 109 d，熟期比对照晚熟 2 d；株高 75.0 cm，有效分枝 2.7 个，主茎 15.5 节；圆叶、紫花、棕毛、落叶、不裂荚；单株粒数 94.2 粒，籽粒椭圆形，种皮黄色、有光泽，种脐黑色，百粒重 24.9 g。2021 年经农业农村部谷物品质监督检验测试中心品质分析（干基）：粗蛋白质含量 43.4%，粗脂肪含量 18.4%。2021 年经南京农业大学国家大豆改良中心接种鉴定：抗花叶病毒 3 号株系，高抗花叶病毒 7 号株系。

产量表现： 2021—2022 年参加全省夏大豆品种区域试验，2021 年平均亩产 221.3 kg，比对照菏豆 12 号增产 5.9%；2022 年平均亩产 240.5 kg，比对照菏豆 12 号增产 6.5%；两年区域试验平均亩产 230.9 kg，比对照菏豆 12 号增产 6.3%。2023 年生产试验平均亩产 240.2 kg，比对照齐黄 34 增产 6.5%。

栽培技术要点：适宜播期为 6 月上中旬，密度为每亩 13 000～18 000 株，其他管理措施同一般大田。

审定意见：全省适宜地区夏大豆品种种植利用。

（四十一）渝豆 22

审定编号：渝审豆 20240002

作物名称：大豆

品种名称：渝豆 22

申 请 者：重庆市农业科学院

育 种 者：重庆市农业科学院（杜成章、张继君、胡明瑜、龙珏臣、王　萍、王忠伟、张志良、唐世义、武云霞、王　强）

品种来源：齐黄 34//09-703/200627-011-8

特征特性：该品种属南方粒用春大豆品种。春播生育期 100 d，亚有限结荚习性，株型收敛，椭圆形叶，白花，灰毛，籽粒黑皮、黑脐、绿子叶、扁椭圆形。株高 74.9 cm，始荚高 10.8 cm，分枝 4.0 个，单株粒数 80.3 粒，单株荚数 44.3 个，单荚粒数 1.81 个，百粒重 21.5 g。籽粒蛋白质含量 46.0%，粗脂肪含量 18.7%。接种鉴定，中感花叶病毒 3 号株系和 7 号株系。

产量表现：区域试验 2021 年平均亩产 166.6 kg，较对照浙春 3 号增产 7.8%，增产点次率 83.3%；2022 年平均亩产 146.6 kg，较对照浙春 3 号增产 10.0%，增产点次率 83.3%。两年区试平均亩产 156.6 kg，较对照浙春 3 号增产 8.9%，增产点次率 83.3%。2023 年生产试验平均亩产 145.4 kg，较对照浙春 3 号增产 5.7%，增产点次率 100%。

栽培技术要点：①适宜在重庆市作春大豆种植；②适宜播种期：3 月末至 4 月上、中旬；③种植密度：1.3 万～1.7 万株/亩，行距 0.4～0.5 m，窝距 0.2 m，每窝定苗 2 株；④田间管理：适量有机肥、磷肥、钾肥做底肥；苗期长势弱可亩追施尿素 2～3 kg；及时中耕除草，加强病虫害防治，初花期注意控旺防倒。

审定意见：该品种符合重庆市大豆品种审定标准，通过审定。适宜重庆市作春大豆种植。

（四十二）圣育 34

审定编号：鲁审豆 20240003

作物名称：大豆

品种名称：圣育 34

申 请 者：山东圣育种业科技有限公司

育 种 者：山东圣育种业科技有限公司

品种来源：齐黄 34/ 潍科 998

特征特性：有限结荚习性，株型收敛、直立。区域试验结果：生育期 105 d，熟期比对照早熟 2 d；株高 70.2 cm，有效分枝 2.4 个，主茎 14.9 节；圆叶、紫花、棕毛、落叶、不裂荚；单株粒数 90.8 粒，籽粒椭圆形，种皮黄色、无光泽，种脐黑色，百粒重 26.0 g。2021 年经农业农村部谷物品质监督检验测试中心品质分析（干基）：粗蛋白质含量 47.3%，粗脂肪含量 19.5%。2021 年经南京农业大学国家大豆改良中心接种鉴定：高抗花叶病毒 3 号株系和 7 号株系。

产量表现：2021—2022 年参加全省夏大豆品种区域试验，2021 年平均亩产 227.2 kg，比对照菏豆 12 号增产 9.1%；2022 年平均亩产 235.3 kg，比对照菏豆 12 号增产 4.2%；两年区域试验平均亩产 231.2 kg，比对照菏豆 12 号增产 6.5%。2023 年生产试验平均亩产 235.9 kg，比对照齐黄 34 增产 4.1%。

栽培技术要点：适宜播期为 6 月上中旬，密度为每亩 13 000～16 000 株，其他管理措施同一般大田。

审定意见：全省适宜地区夏大豆品种种植利用。

（四十三）圣冠 1 号

审定编号：鲁审豆 20240005

作物名称：大豆

品种名称：圣冠 1 号

申 请 者：嘉祥众鑫种业科技有限公司

育 种 者：嘉祥众鑫种业科技有限公司

品种来源：齐黄 34/ 郑 9525

特征特性：原试验名称鑫豆 1 号，有限结荚习性，株型收敛、直立。区域试验结果：生育期 106 d，熟期比对照早熟 1 d；株高 66.8 cm，有效分枝 2.7 个，主茎 14.5 节；圆叶、白花、棕毛、落叶、不裂荚；单株粒数 91.0 粒，籽粒椭圆形，种皮黄色、无光泽，种脐黑色，百粒重 25.4 g。2021 年经农业农村部谷物品质监督检验测试中心品质分析（干基）：粗蛋白质含量 42.4%，粗脂肪含量 18.7%。2021 年经南京农业大学国家大豆改良中心接种鉴定：抗花叶病毒 3 号株系和 7 号株系。

产量表现：2021—2022 年参加全省夏大豆品种区域试验，2021 年平均亩产 223.0 kg，比对照菏豆 12 号增产 9.2%；2022 年平均亩产 240.5 kg，比对照菏豆 12 号增产 6.5%；两年区域试验平均亩产 231.7 kg，比对照菏豆 12 号增产 7.8%。

2023 年生产试验平均亩产 236.5 kg，比对照齐黄 34 增产 4.8%。

栽培技术要点：适宜播期为 6 月上中旬，密度为每亩 13 000～16 000 株，其他管理措施同一般大田。

审定意见：全省适宜地区夏大豆品种种植利用。

（四十四）华豆 56

审定编号：鲁审豆 20240006

作物名称：大豆

品种名称：华豆 56

申 请 者：山东华亚农业科技有限公司

育 种 者：山东华亚农业科技有限公司

品种来源：徐豆 18/ 齐黄 34

特征特性：有限结荚习性，株型收敛、直立。区域试验结果：生育期 105 d，熟期比对照早熟 3 d；株高 75.6 cm，有效分枝 2.3 个，主茎 15.3 节；圆叶、白花、棕毛、落叶、不裂荚；单株粒数 91.3 粒，籽粒椭圆形，种皮黄色、无光泽，种脐黑色，百粒重 25.8 g。2021 年经农业农村部谷物品质监督检验测试中心品质分析（干基）：粗蛋白质含量 45.2%，粗脂肪含量 20.3%。2021 年经南京农业大学国家大豆改良中心接种鉴定：高抗花叶病毒 3 号株系和 7 号株系。

产量表现：2021—2022 年参加全省夏大豆品种区域试验，2021 年平均亩产 217.2 kg，比对照菏豆 12 号增产 6.4%；2022 年平均亩产 241.4 kg，比对照菏豆 12 号增产 6.9%；两年区域试验平均亩产 229.3 kg，比对照菏豆 12 号增产 6.7%。2023 年生产试验平均亩产 236.2 kg，比对照齐黄 34 增产 4.2%。

栽培技术要点：适宜播期为 6 月上中旬，密度为每亩 13 000～16 000 株，其他管理措施同一般大田。

审定意见：全省适宜地区夏大豆品种种植利用。

（四十五）圣豆 122

审定编号：鲁审豆 20240007

作物名称：大豆

品种名称：圣豆 122

申 请 者：山东圣丰种业科技有限公司

育 种 者：山东圣丰种业科技有限公司

品种来源：齐黄 34/ 阜 9027

特征特性：有限结荚习性，株型收敛、直立。区域试验结果：生育期 106 d，熟期比对照早熟 1 d；株高 74.4 cm，有效分枝 1.9 个，主茎 16.0 节；圆叶、白花、棕毛、落叶、不裂荚；单株粒数 99.7 粒，籽粒椭圆形，种皮黄色、无光泽，种脐深褐色，百粒重 23.5 g。2021 年经农业农村部谷物品质监督检验测试中心品质分析（干基）：粗蛋白质含量 41.7%，粗脂肪含量 19.4%。2021 年经南京农业大学国家大豆改良中心接种鉴定：抗花叶病毒 3 号株系和 7 号株系。

产量表现：2021—2022 年参加全省夏大豆品种区域试验，2021 年平均亩产 221.5 kg，比对照菏豆 12 号增产 6.0%；2022 年平均亩产 257.1 kg，比对照菏豆 12 号增产 15.1%；两年区域试验平均亩产 239.3 kg，比对照菏豆 12 号增产 10.7%。2023 年生产试验平均亩产 233.8 kg，比对照齐黄 34 增产 3.6%。

栽培技术要点：适宜播期为 6 月上中旬，密度为每亩 13 000 株左右，其他管理措施同一般大田。

审定意见：全省适宜地区夏大豆品种种植利用。

（四十六）华研 2 号

审定编号：鲁审豆 20240008

作物名称：大豆

品种名称：华研 2 号

申 请 者：山东华研种业科技有限公司

育 种 者：山东华研种业科技有限公司

品种来源：齐黄 34/ 豫豆 22

特征特性：有限结荚习性，株型收敛、直立。区域试验结果：生育期 108 d，熟期比对照晚熟 1 d；株高 71.5 cm，有效分枝 2.3 个，主茎 16.5 节；圆叶、白花、棕毛、落叶、不裂荚；单株粒数 86.8 粒，籽粒椭圆形，种皮黄色、无光泽，种脐深褐色，百粒重 30.3 g。2021 年经农业农村部谷物品质监督检验测试中心品质分析（干基）：粗蛋白质含量 44.3%，粗脂肪含量 20.4%。2021 年经南京农业大学国家大豆改良中心接种鉴定：抗花叶病毒 3 号株系和 7 号株系。

产量表现：2021—2022 年参加全省夏大豆品种区域试验，2021 年平均亩产 221.3 kg，比对照菏豆 12 号增产 8.4%；2022 年平均亩产 247.1 kg，比对照菏豆 12 号增产 10.6%；两年区域试验平均亩产 234.2 kg，比对照菏豆 12 号增产 9.5%。2023 年生产试验平均亩产 238.0 kg，比对照齐黄 34 增产 5.5%。

栽培技术要点：适宜播期为 6 月上中旬，密度为每亩 13 000～16 000 株，其他管理措施同一般大田。

审定意见：全省适宜地区夏大豆品种种植利用。

（四十七）嘉农 2 号

审定编号：鲁审豆 20240009

作物名称：大豆

品种名称：嘉农 2 号

申 请 者：济宁丰育种业科技有限公司

育 种 者：济宁丰育种业科技有限公司

品种来源：齐黄 34/ 徐豆 18

特征特性：有限结荚习性，株型收敛、直立。区域试验结果：生育期 107 d，熟期与对照相当；株高 69.2 cm，有效分枝 2.4 个，主茎 15.8 节；圆叶、白花、灰毛、落叶、不裂荚；单株粒数 87.5 粒，籽粒椭圆形，种皮黄色、无光泽，种脐淡褐色，百粒重 27.8 g。2021 年经农业农村部谷物品质监督检验测试中心品质分析（干基）：粗蛋白质含量 44.0%，粗脂肪含量 20.0%。2021 年经南京农业大学国家大豆改良中心接种鉴定：抗花叶病毒 3 号株系和 7 号株系。

产量表现：2021—2022 年参加全省夏大豆品种区域试验，2021 年平均亩产 222.5 kg，比对照菏豆 12 号增产 6.5%；2022 年平均亩产 240.3 kg，比对照菏豆 12 号增产 7.5%；两年区域试验平均亩产 231.4 kg，比对照菏豆 12 号增产 7.0%。2023 年生产试验平均亩产 236.0 kg，比对照齐黄 34 增产 4.6%。

栽培技术要点：适宜播期为 6 月上中旬，密度为每亩 13 000～16 000 株，其他管理措施同一般大田。

审定意见：全省适宜地区夏大豆品种种植利用。

（四十八）嘉夏豆 8 号

审定编号：鲁审豆 20240010

作物名称：大豆

品种名称：嘉夏豆 8 号

申 请 者：嘉祥嘉林种子有限公司

育 种 者：嘉祥嘉林种子有限公司

品种来源：10-72/ 齐黄 34

特征特性：有限结荚习性，株型收敛、直立。区域试验结果：生育期 108 d，熟期与对照相当；株高 68.8 cm，有效分枝 1.4 个，主茎 14.6 节；圆叶、白花、棕毛、落叶、不裂荚；单株粒数 92.6 粒，籽粒椭圆形，种皮黄色、无光泽，种脐黑色，百粒重 24.7 g。2021 年经农业农村部谷物品质监督检验测试中心品质分析（干基）：粗蛋白质含量 42.7%，粗脂肪含量 20.7%。2021 年经南京农业大学国家大豆改良中心接种鉴定：高抗花叶病毒 3 号株系和 7 号株系。

产量表现：2021—2022 年参加全省夏大豆品种区域试验，2021 年平均亩产 217.2 kg，比对照菏豆 12 号增产 5.5%；2022 年参加全省夏大豆品种区域试验，平均亩产 236.1 kg，比对照菏豆 12 号增产 5.7%；两年区域试验平均亩产 226.6 kg，比对照菏豆 12 号增产 5.6%。2023 年生产试验平均亩产 240.7 kg，比对照齐黄 34 增产 6.2%。

栽培技术要点：适宜播期为 6 月上中旬，密度为每亩 12 000 株左右，其他管理措施同一般大田。

审定意见：全省适宜地区夏大豆品种种植利用。

（四十九）农圣 1 号

审定编号：鲁审豆 20240011

作物名称：大豆

品种名称：农圣 1 号

申 请 者：山东农圣种业科技有限公司

育 种 者：山东农圣种业科技有限公司

品种来源：临豆 10 号 / 齐黄 34

特征特性：有限结荚习性，株型收敛、直立。区域试验结果：生育期 106 d，熟期比对照早熟 1 d；株高 69.3 cm，有效分枝 2.0 个，主茎 15.2 节；圆叶、紫花、棕毛、落叶、不裂荚；单株粒数 88.1 粒，籽粒椭圆形，种皮黄色、无光泽，种脐淡黑色，百粒重 28.0 g。2021 年经农业农村部谷物品质监督检验测试中心品质分析（干基）：粗蛋白质含量 45.5%，粗脂肪含量 21.3%。2021 年经南京农业大学国家大豆改良中心接种鉴定：抗花叶病毒 3 号株系和 7 号株系。

产量表现：2021—2022 年参加全省夏大豆品种区域试验，2021 年平均亩产 222.0 kg，比对照菏豆 12 号增产 5.8%；2022 年平均亩产 234.6 kg，比对照菏豆 12 号增产 5.0%；两年区域试验平均亩产 228.3 kg，比对照菏豆 12 号增产 5.3%。2023 年生产试验平均亩产 233.0 kg，比对照齐黄 34 增产 3.3%。

栽培技术要点：适宜播期为 6 月上中旬，密度为每亩 13 000~16 000 株，其他管理措施同一般大田。

审定意见：全省适宜地区夏大豆品种种植利用。

（五十）潍豆 30

审定编号：鲁审豆 20240014

作物名称：大豆

品种名称：潍豆 30
申　请　者：潍坊市农业科学院
育　种　者：潍坊市农业科学院
品种来源：潍豆 7232/ 齐黄 34
特征特性：有限结荚习性，株型收敛、直立。区域试验结果：生育期 107 d，熟期比对照早熟 1 d；株高 62.5 cm，有效分枝 1.4 个，主茎 13.5 节；圆叶、白花、棕毛、落叶、不裂荚；单株粒数 82.5 粒，籽粒椭圆形，种皮黄色、无光泽，种脐深褐色，百粒重 26.1 g。2021 年经农业农村部谷物品质监督检验测试中心品质分析（干基）：粗蛋白质含量 40.7%，粗脂肪含量 21.2%。2021 年经南京农业大学国家大豆改良中心接种鉴定：高抗花叶病毒 3 号株系和 7 号株系。
产量表现：2021—2022 年参加全省夏大豆品种区域试验，2021 年平均亩产 225.0 kg，比对照菏豆 12 号增产 9.3%；2022 年平均亩产 234.4 kg，比对照菏豆 12 号增产 3.6%；两年区域试验平均亩产 229.7 kg，比对照菏豆 12 号增产 6.3%。2023 年生产试验平均亩产 239.5 kg，比对照齐黄 34 增产 6.5%。
栽培技术要点：适宜播期为 6 月中旬，密度为每亩 12 000～15 000 株，其他管理措施同一般大田。
审定意见：全省适宜地区夏大豆品种种植利用。

（五十一）郓豆 6 号

审定编号：鲁审豆 20240018
作物名称：大豆
品种名称：郓豆 6 号
申　请　者：郓城县粮源种业有限公司
育　种　者：郓城县粮源种业有限公司、山东华亚农业科技有限公司
品种来源：齐黄 34/ 豫豆 22
特征特性：有限结荚习性，株型收敛、直立。区域试验结果：生育期 105 d，熟期比对照早熟 2 d；株高 70.3 cm，有效分枝 1.9 个，主茎 14.8 节；圆叶、紫花、灰毛、落叶、不裂荚；单株粒数 83.8 粒，籽粒椭圆形，种皮黄色、无光泽，种脐褐色，百粒重 25.6 g。2021 年经农业农村部谷物品质监督检验测试中心品质分析（干基）：粗蛋白质含量 45.0%，粗脂肪含量 19.4%。2021 年经南京农业大学国家大豆改良中心接种鉴定：抗花叶病毒 3 号株系和 7 号株系。
产量表现：2021—2022 年参加全省夏大豆品种区域试验，2021 年平均亩产 212.5 kg，比对照菏豆 12 号增产 1.7%；2022 年平均亩产 231.4 kg，比对照菏豆

12 号增产 2.3%；两年区域试验平均亩产 222.0 kg，比对照菏豆 12 号增产 2.0%。2023 年生产试验平均亩产 223.0 kg，比对照齐黄 34 减产 0.8%。

栽培技术要点：适宜播期为 6 月上中旬，密度为每亩 13 000～16 000 株，其他管理措施同一般大田。

审定意见：全省适宜地区夏大豆品种种植利用。

（五十二）圣育 31

审定编号：鄂审豆 20241016

作物名称：大豆

品种名称：圣育 31

申 请 者：山东圣育种业科技有限公司

育 种 者：山东圣育种业科技有限公司

品种来源：齐黄 34/ 冀豆 12

特征特性：属中晚熟高油、高蛋白夏大豆品种。株型收敛，株高适中，茎秆直立，有限结荚习性。叶椭圆形，花白色，茸毛灰色。成熟荚浅褐色。籽粒圆形，种皮、子叶黄色，种脐黄色。区域试验中株高 55.6 cm，主茎节数 13.0 个，分枝数 2.0 个，单株有效荚数 38.5 个，单株粒重 15.6 g，完全粒率 87.6%，百粒重 21.2 g，生育期 96.1 d，比中豆 41 短 1.9 d。病害鉴定为中感大豆花叶病毒病 3 号株系和 7 号株系。品质经农业农村部谷物品质检验测试中心测定，含油量 21.96%，粗蛋白含量 45.42%。

产量表现：2022—2023 年参加湖北省夏大豆品种区域试验，两年区试平均亩产 206.33 kg，比对照中豆 41 增产 10.66%。其中：2022 年平均亩产 200.73 kg，比对照中豆 41 增产 10.61%；2023 年平均亩产 211.92 kg，比中豆 41 增产 10.70%。2023 年生产试验平均亩产 211.1 kg，比对照中豆 41 增产 14.17%。

栽培技术要点：①适时播种，合理密植。5 月下旬播种，根据肥力一般亩保苗 1.3 万株。②施足底肥，合理追肥。播前每亩施基肥（N∶P∶K=15∶15∶15）15 kg 左右，苗后及时间苗，达到合理群体密度，花期可每亩追施尿素 5～8 kg。③加强田间管理。注意清沟排渍，及时中耕除草；花期视苗情适时化控，防止倒伏；结荚鼓粒期遇干旱及时灌溉。④病虫害防治：注意防治紫斑病、根腐病和地老虎、蚜虫、斜纹夜蛾等病虫害。⑤适时收获。

审定意见：适于湖北省大豆种植区作夏大豆种植。

（五十三）华豆 33

审定编号：鲁审豆 20246019

作物名称：大豆

品种名称：华豆 33

申 请 者：山东华亚农业科技有限公司

育 种 者：山东华亚农业科技有限公司

品种来源：齐黄 34/ 豫豆 22

特征特性：有限结荚习性，株型收敛、直立。区域试验结果：生育期 105 d，熟期比对照菏豆 12 号早熟 3 d；株高 69.6 cm，有效分枝 2.7 个，主茎 15.5 节；圆叶、紫花、棕毛、落叶、不裂荚；单株粒数 86.1 粒，籽粒椭圆形，种皮黄色、无光泽，种脐黑色，百粒重 25.0 g。2023 年经农业农村部谷物品质监督检验测试中心品质分析（干基）：粗蛋白质含量 45.53%，粗脂肪含量 18.72%。2021 年经南京农业大学国家大豆改良中心接种鉴定：中抗花叶病毒 3 号株系和 7 号株系。

产量表现：参加山东恒丰源联合体夏大豆区域试验，2021 年区域试验平均亩产 228.6 kg，比对照菏豆 12 号增产 10.5%；2022 年区域试验平均亩产 234.9 kg，比对照菏豆 12 号增产 9.9%；两年区域试验平均亩产 231.8 kg，比对照菏豆 12 号增产 10.2%。2023 年生产试验平均亩产 251.2 kg，比对照齐黄 34 增产 12.9%。

栽培技术要点：适宜播期为 6 月上中旬，密度为每亩 13 000～16 000 株，其他管理措施同一般大田。

审定意见：全省适宜地区夏大豆品种种植利用。

（五十四）临豆 22

审定编号：鲁审豆 20246020

作物名称：大豆

品种名称：临豆 22

申 请 者：临沂市农业科学院

育 种 者：临沂市农业科学院

品种来源：周豆 24 号 / 齐黄 34

特征特性：原试验名称临 15-8，有限结荚习性，株型收敛、直立。区域试验结果：生育期 108 d，熟期与对照菏豆 12 号相当；株高 67.8 cm，有效分枝 2.3 个，主茎 16.4 节；圆叶、紫花、棕毛、落叶、不裂荚；单株粒数 99.7 粒，籽粒椭圆形，种皮黄色、微光泽，种脐黑色，百粒重 23.1 g。2021 年经农业农村部谷物品质监督检验测试中心品质分析（干基）：粗蛋白质含量 40.34%，粗脂肪含量 19.99%。2021 年经南京农业大学国家大豆改良中心接种鉴定：中抗花叶病毒

3号株系和7号株系。

产量表现： 参加山东恒丰源联合体夏大豆区域试验，2021年区域试验平均亩产218.2 kg，比对照菏豆12号增产5.5%；2022年区域试验平均亩产231.8 kg，比对照菏豆12号增产8.4%；两年区域试验平均亩产225.0 kg，比对照菏豆12号增产7.0%。2023年生产试验平均亩产245.5 kg，比对照齐黄34号增产10.4%。

栽培技术要点： 适宜播期为6月5—20日，密度为每亩15 000株左右，其他管理措施同一般大田。

审定意见： 全省适宜地区夏大豆品种种植利用。

（五十五）华豆18

审定编号： 鲁审豆20246021

作物名称： 大豆

品种名称： 华豆18

申 请 者： 山东华亚农业科技有限公司

育 种 者： 山东华亚农业科技有限公司

品种来源： 齐黄34/豫豆22

特征特性： 有限结荚习性，株型收敛、直立。区域试验结果：生育期109 d，熟期比对照菏豆12号晚熟1 d；株高78.5cm，有效分枝2.3个，主茎16.7节；圆叶、紫花、棕毛、落叶、不裂荚；单株粒数95.1粒，籽粒椭圆形，种皮黄色、微光泽，种脐褐色，百粒重25.7 g。2021年经农业农村部谷物品质监督检验测试中心品质分析（干基）：粗蛋白质含量41.31%，粗脂肪含量20.97%。2020年经南京农业大学国家大豆改良中心接种鉴定：高抗花叶病毒3号株系和7号株系。

产量表现： 参加山东恒丰源联合体夏大豆区域试验，2021年区域试验平均亩产217.0 kg，比对照菏豆12号增产4.9%；2022年区域试验平均亩产227.4 kg，比对照菏豆12号增产6.4%；两年区域试验平均亩产222.2 kg，比对照菏豆12号增产5.6%。2023年生产试验平均亩产242.1 kg，比对照齐黄34增产8.9%。

栽培技术要点： 适宜播期为6月上中旬，密度为每亩13 000～16 000株，其他管理措施同一般大田。

审定意见： 全省适宜地区夏大豆品种种植利用。

（五十六）合研56

审定编号： 鲁审豆20246023

作物名称： 大豆

品种名称： 合研56

申 请 者：山东省农业科学院

育 种 者：山东省农业科学院

品种来源：齐黄34/菏豆12号

特征特性：有限结荚习性，株型收敛、直立。区域试验结果：生育期108 d，熟期与对照菏豆12号相当；株高71.7 cm，有效分枝2.0个，主茎15.5节；圆叶、白花、灰毛、落叶、不裂荚；单株粒数100.3粒，籽粒椭圆形，种皮黄色、微光泽，种脐褐色，百粒重25.4 g。2021年经农业农村部谷物品质监督检验测试中心品质分析（干基）：粗蛋白质含量43.25%，粗脂肪含量17.87%。2021年经南京农业大学国家大豆改良中心接种鉴定：中抗花叶病毒3号株系和7号株系。

产量表现：参加山东恒丰源联合体夏大豆区域试验，2021年区域试验平均亩产224.6 kg，比对照菏豆12号增产8.6%；2022年区域试验平均亩产223.7 kg，比对照菏豆12号增产4.6%；两年区域试验平均亩产224.1 kg，比对照菏豆12号增产6.6%。2023年生产试验平均亩产242.9 kg，比对照齐黄34增产9.2%。

栽培技术要点：适宜播期为6月上中旬，密度为每亩13 000～15 000株，其他管理措施同一般大田。

审定意见：全省适宜地区夏大豆品种种植利用。

（五十七）圣地10

审定编号：鲁审豆20246024

作物名称：大豆

品种名称：圣地10

申 请 者：济宁市圣地种业有限公司

育 种 者：济宁市圣地种业有限公司

品种来源：齐黄34/徐豆13

特征特性：有限结荚习性，株型收敛、直立。区域试验结果：生育期108 d，熟期比对照菏豆12号晚熟1 d；株高76.1 cm，有效分枝2.1个，主茎15.6节；圆叶、白花、棕毛、落叶、不裂荚；单株粒数93.9粒，籽粒椭圆形，种皮黄色、微光泽，种脐黑色，百粒重26.9 g。2022年经农业农村部谷物及制品质量监督检验测试中心（哈尔滨）品质分析（干基）：粗蛋白质含量42.00%，粗脂肪含量19.41%。2021年经南京农业大学国家大豆改良中心接种鉴定：高抗花叶病毒3号株系和7号株系。

产量表现：参加鲁育联合体夏大豆区域试验，2021年区域试验平均亩产221.0 kg，比对照菏豆12号增产5.0%；2022年区域试验平均亩产225.1 kg，比对照菏豆 12 号增产 7.1%；两年区域试验平均亩产 223.0 kg，比对照菏豆 12 号增产 6.1%。2023 年生产试验平均亩产 229.1 kg，比对照齐黄 34 增产 6.5%。

栽培技术要点：适宜播期为 6 月上中旬，密度为每亩 12 000 株左右，其他管理措施同一般大田。

审定意见：全省适宜地区夏大豆品种种植利用。

（五十八）俊豆 9 号

审定编号：鲁审豆 20246026

作物名称：大豆

品种名称：俊豆 9 号

申 请 者：嘉祥县俊豪种业有限公司

育 种 者：嘉祥县俊豪种业有限公司

品种来源：齐黄 34/ 菏豆 12 号

特征特性：有限结荚习性，株型收敛、直立。区域试验结果：生育期 105 d，熟期比对照菏豆 12 号早熟 2 d；株高 72.2 cm，有效分枝 2.1 个，主茎 15.1 节；圆叶、紫花、棕毛、落叶、不裂荚；单株粒数 94.1 粒，籽粒椭圆形，种皮黄色、微光泽，种脐黑色，百粒重 27.9 g。2022 年经农业农村部谷物及制品质量监督检验测试中心（哈尔滨）品质分析（干基）：粗蛋白质含量 41.27%，粗脂肪含量 20.42%。2021 年经南京农业大学国家大豆改良中心接种鉴定：抗花叶病毒 3 号株系，高抗花叶病毒 7 号株系。

产量表现：参加鲁育联合体夏大豆区域试验，2021 年区域试验平均亩产 223.6 kg，比对照菏豆 12 号增产 6.3%；2022 年区域试验平均亩产 218.1 kg，比对照菏豆 12 号增产 3.8%；两年区域试验平均亩产 220.9 kg，比对照菏豆 12 号增产 5.1%。2023 年生产试验平均亩产 222.3 kg，比对照齐黄 34 增产 3.3%。

栽培技术要点：适宜播期为 6 月上中旬，密度为每亩 11 000～13 000 株，其他管理措施同一般大田。

审定意见：全省适宜地区夏大豆品种种植利用。

参考文献

包选平,吴月颖,李旻耕,等,2020. 大豆对黄蓟马抗性遗传分析[J]. 大豆科学,39(2): 297-303.

曹鹏鹏,田艺心,高凤菊,等,2020. 鲁西北地区间作大豆/玉米品种组合综合性状的灰色关联度分析[J]. 大豆科学,39(3): 414-421.

曾丹丹,2017. 拟轮枝镰孢、黄色镰孢、雪松疫霉、栗黑水疫霉及大豆种传病原菌的LAMP检测[D]. 南京:南京农业大学.

李照君,田汝美,蒲艳艳,等,2020. 大豆光合指标日变化规律及其与产量关系研究[J]. 大豆科学,39(4): 577-586.

马春芳,李顺秀,徐冉,等,2020. 不同大豆原料对豆腐加工及品质的影响[J]. 食品工业,41(12): 177-180.

宋启建,盖钧镒,马育华,1991. 大豆杂种后代蛋白质和脂肪含量的配合力研究[J]. 作物学报,17(2): 128-134.

王秋普,江振桂,赵良忠,等,2019. 不同大豆原料对豆清发酵液豆腐[J]. 食品工业科技,40(6): 12-25.

杨敏,龚牙会,高超,等,2024. 密度和施钾对带状间作大豆籽粒灌浆及产量形成的影响[J]. 中国油料作物学报. Doi: 10.19802/j.issn.1007-9084.2024118.

朱文雪,杨立达,王珺斓,等,2024. 烯胺复配剂与密度对带状间作大豆茎叶生长及产量形成的影响[J]. 中国油料作物学报,Doi: 10.19802/j.issn.1007-9084.2024153.

AN J, FANG C, YUAN Z H, et al., 2023. A retrotransposon insertion in the Mao1 promoter results in erect pubescence and higher yield in soybean[J]. Proceedings of the National Academy of Sciences of the United States of America, 120(13): e2210791120.

BAI M, YUAN C C, KUANG H Q, et al., 2022. Combination of two multiplex genome-edited soybean varieties enables customization of protein functional properties[J]. Molecular Plant, 15(7): 1081-1083.

ELSE M A, JACKSON M B, 1998. Transport of 1-aminocyclopropane-1- carboxylic acid (ACC) in the transpiration stream of tomato (*Lycopersicone sculentum*) in relation to foliar ethylene production and petiole epinasty[J]. Functional Plant Biology, 25(4):

453-458.

HU Q, ZHANG Y W, MA R X, et al., 2021. Genetic dissection of seed appearance quality using recombinant inbred lines in soybean[J]. Molecular Breeding, 41(12): 1-21.

HUANG W, HOU J, HU Q, et al., 2021 Pedigree-based genetic dissection of quantitative loci for seed quality and yield characters in improved soybean[J]. Molecular Breeding, 41: 1-15.

JACKSON M B, COLMER T D, 2005. Response and adaptation by plants to flooding stress[J]. Annals of Botany, 96(4): 501-505.

JIN X H, CHEN C, GUO S T, et al., 2020 Analysis on physicochemical and sensory qualitiesof soymilk prepared by various cultivars: Application of fuzzy logic technique [J]. Journal of Food Science, 85(6): 1635-1641.

SHIN D J, KOO Y D, LEE J Y, et al., 2004. Athb-12, a homeobox-leucine zipper domain protein from Arabidopsis thaliana, increases salt tolerance in yeast by regulating sodium exclusion[J]. Biochemical and Biophysical Research Communications, 323(2): 534-540.

TAMANG B G, MAGLIOZZI J O, MAROOF M S, et al., 2014. Physiological and transcriptomic characterization of submergence and reoxygenation responses in soybean seedlings[J]. Plant, Cell & Environment, 37(10), 2350-2365.

TANG N, SHAHZAD Z, LONJON F, et al., 2018. Natural variation at XND1 impacts root hydraulics and trade-off for stress responses in Arabidopsis[J]. Nature Communications, 9(1): 3884.

WANG X, LI F, ZHOU SL et al., 2024. Protein homeostasis and cell wall remodeling in response to jasmonate and gibberellin signals improve flood tolerance in soybean (*Glycine max* L.)[J]. Environmental and Experimental Botany, 226: 105902.

ZHANG Y F, ZHANG C Y, ZHANG B, et al., 2021. Establishment and application of an accurate identification method for fragrant soybeans[J]. Journal of Integrative Agriculture, 20(5): 1193-1203.